# Inhalt

# Sie + dieses Buch = mehr Geld!

Sie wollen sich mit dem Thema „Um Geld verhandeln" – idealerweise mit Erfolg – auseinandersetzen? Dabei wird Ihnen dieses Buch wertvolle Unterstützung leisten:

Besorgen Sie sich zunächst eine Kladde – ein Notizbuch. Sie sollte in Größe, Form und Farbe so gestaltet sein, dass Sie gern hineinschreiben. Machen Sie sich darin während des Lesens Notizen. Der Sinn der Kladde ist es, dass Sie über alle Übungen den Überblick behalten und sie jederzeit weiterbearbeiten können. Beschreiben Sie am besten nur jeweils eine Seite und lassen Sie die zweite Seite für spätere Kommentare frei.

Wenn Sie vor Ihrer nächsten Verhandlung noch genug Zeit haben, verhilft Ihnen dieses Buch am besten zu mehr Geld, wenn Sie es erst lesen und dann mit Ihrer Kladde ausführlich durcharbeiten. Durcharbeiten, fragen Sie? Ja, die Übungen helfen nur, wenn Sie sie auch machen.

Wenn Sie schon „morgen" Ihre Verhandlung haben, hilft Ihnen vermutlich das Kapitel „Ihr Weg zum Ziel" (ab S. 45) am meisten.

Und wenn's brennt, machen Sie nur das Speedcoaching im letzten Kapitel als Notfallprogramm (S. 124 ff.).

Ich wünsche Ihnen erfolgreiche Geldverhandlungen!

*Claudia Kimich*

# Was wollen Sie verhandeln?

„Über Geld spricht man nicht, Geld hat man", sagt der Volksmund. Das Thema „Geld" erfahren wir derzeit in zwei Extremen.

Zum einen leben wir in einer Zeit der „Geiz ist geil"-Schnäppchenmentalität und Discountangebote. Meine Antwort auf dieses Extrem lautet: „Wer Peanuts zahlt, muss damit rechnen, vom Affen bedient zu werden." Der gesunde Mittelstand bröckelt in seinen Grundfesten und die Nachrichten sprechen immer häufiger von einer Zweiklassengesellschaft.

Zum anderen ist das Einkommen als Gesprächsthema tabu. Trotz der Statusdemonstration vieler, die sich mit „mein Haus, mein Auto, mein Job" beschäftigen, wird sehr selten über tatsächliche Zahlen gesprochen. In vielen Arbeitsverträgen findet sich sogar ein Redeverbot zum Thema „Gehalt", das wegen drohender Kündigung vielen Angestellten Angst macht. Sie wagen es nicht, Kollegen zu fragen oder über ihren Verdienst zu sprechen. Viel zu spät stellt sich oft heraus, dass der gleichzeitig eingestellte Kollege 30 Prozent mehr verdient. Über Preisangaben oder Honorarsätze tauscht man sich auch kaum aus.

Fragen Sie mal in einer fröhlichen, privaten Runde: „Wie viel verdient ihr denn?", und Sie werden meistens betretenes Schweigen ernten. Dazu kommt, dass wir gelernt haben, Angeben sei doof. Über seinen Verdienst zu sprechen ist ja immer Angeberei, sobald jemand anderes 1,80 Euro weniger verdient, oder? Mit wem um Himmels willen sollen Sie denn dann über Geld reden? Nur mit Ihrem Versicherungsmakler und Ihrem Geldverhandelnscoach? Nein, ganz bestimmt nicht! Trauen Sie sich, fragen Sie! Ich weiß von keiner erfolgreichen Kündigung, die deswegen ausgesprochen wurde.

Ich denke, wir brauchen nicht unbedingt Zustände wie in Schweden: Dort steht jedes Gehalt, selbst das der Königin, im Internet. Etwas mehr Transparenz täte uns trotzdem gut. Viele Klienten, sowohl Angestellte als auch Selbstständige, kommen und fragen: „Was kann ich denn wofür verlangen? Wo kann ich denn über Geld reden, wenn ich das mit den Kollegen gar nicht möchte?"

Nutzen Sie Lohnspiegel, z. B. im Internet oder in gängigen Nachrichtenmagazinen. Manchmal sind die Informationen kostenpflichtig, dafür bekommen Sie eine detaillierte Auskunft.

Auch Netzwerke sind eine gute Informationsquelle. Es gibt branchenspezifische und branchenübergreifende Netzwerke, Frauennetzwerke, z. B. die www.webgrrls.de oder BPW (Business and Professional Women), und Internetplattformen wie z. B. XING oder Facebook. Dort können Sie Kontakte knüpfen und sich außerhalb Ihres direkten Umfelds austauschen.

Solche Netzwerke sind auch sehr gut geeignet, um z. B. Erfolgsteams zu bilden und damit Gleichgesinnte für eine bestimmte Zielerreichung zu finden. Wenn Sie als Selbstständige Neukunden akquirieren oder als Angestellter eine Führungsposition anstreben, kann es leichter gehen, wenn Sie eine kleine Erfolgsgruppe haben, die Ihnen den Rücken stärkt. In einer solchen Gruppe können Sie auch das Thema „Gehalts-, Honorar- und Preisverhandlungen" angehen.

In Vorträgen und Workshops höre ich immer wieder als Feedback, wie gut es sei, dass andere Menschen ähnlich gelagerte Probleme haben. Es ist dann leichter, das eigene Thema anzupacken. Durch den Kauf dieses Buches haben Sie schon den ersten Schritt getan, um beim Thema „Um Geld verhandeln" voranzukommen.

Bevor wir im übernächsten Kapitel Ihre persönlichen Verhandlungsziele näher beleuchten und Schritt für Schritt erarbeiten, schauen wir uns jetzt an, welche Möglichkeiten sich für Sie eröffnen, wenn Sie in die nächste Verhandlung gehen. Was können Sie überhaupt verhandeln?

Davor noch ein paar Fragen:

▸ Haben Sie dieses Jahr schon um Geld verhandelt?

 Wenn ja, waren Sie dabei erfolgreich?

 Wenn nein, warum haben Sie dieses Jahr noch nicht um Geld verhandelt?

▸ Wann steht Ihre nächste Verhandlung an?

▸ Welche Gedanken haben Sie sich bis jetzt vor Geldverhandlungen gemacht?

▸ Wo und wie können Sie vorher üben?

Wie ging es Ihnen mit diesen Fragen? Ihre Antworten kamen wie aus der Pistole geschossen? Sehr fein! Sie haben sehr überlegt und wussten nicht so recht, was Sie jetzt aufschreiben sollen? Auch gut. Jetzt geht's los mit den Ideen, die wir dann im Folgenden gemeinsam an Ihre spezielle Situation anpassen.

# Fix, variabel, anteilig, erfolgsabhängig, gemixt – oder wie?

Stellen Sie sich bitte folgende Situation vor: Sie stehen an der Kasse des Supermarktes und treffen jemanden aus Ihrem früheren Berufsleben, den Sie das erste Mal seit drei Jahren wieder sehen. Die Freude ist groß und weil es Mittag ist, gehen Sie spontan zusammen essen. Dabei tauschen Sie neugierig die Geschehnisse der letzten drei Jahre aus. Am Ende des Gesprächs stellt sich heraus, dass Ihr Bekannter möglicherweise einen Job oder einen Auftrag für Sie hat. Er fragt Sie: „Was hast du dir denn geldtechnisch vorgestellt?" Was sagen Sie dann? Lassen Sie sich Bedenkzeit geben? Wäre schon schön, wenn Sie eine Antwort geben könnten, oder?

## Fixum oder Grundgehalt

Meist denken die Menschen zuerst in Form eines Grundgehalts. Dieses Gehalt bekommen Sie so oder so. Es ist unabhängig von Ihren besonderen Erfolgen oder den Unternehmenszielen und kann in einem Tarifvertrag festgelegt sein.

## Variabler Anteil, Erfolgsprämien

Ein Teil des Gehalts kann von der Erreichung vereinbarter Ziele abhängig gemacht werden. Die Erreichung quantitativer Ziele, z. B. bestimmte Umsatzzahlen im Vertrieb, ist leicht zu berechnen und zu bewerten. Vorsicht ist jedoch bei der Vereinbarung angesagt: Überprüfen Sie genau, wie realistisch die Erreichung dieser Zahlenziele ist.

Schwieriger wird es bei qualitativen Zielen wie z. B. Steigerung des Bekanntheitsgrads des Unternehmens oder effektiveres Arbeiten von Ihrer Seite. Falls Sie solche Ziele vereinbaren, ist es Ihre Aufgabe zu zeigen, dass Sie die Ziele erreicht haben.

### Cornelia, 35, Personalentwicklerin

*Cornelia stand in der dritten Bewerbungsrunde und ihre Gesprächspartner hatten angedeutet, sie mache sich am besten schon mal Gedanken, wie variabel sie sich ihr Gehalt vorstellen könnte. Im Endeffekt wollte sie 4.500 Euro brutto im Monat verdienen. Also rechnete sie sich mehrere Varianten durch. Die meisten Unternehmen mögen es, wenn Bewerber selbst Vorschläge machen können und damit beweisen, dass sie sich damit beschäftigt haben:*

*Fixum 4.500 €*

*Fixum 3.000 € + 1.500 € variabel*

*Fixum 2.500 € + 2.000 € variabel*

*Fixum 2.000 € + 2.500 € variabel*

*Am liebsten hätte sie als Sicherheitsmensch das reine Fixum gehabt. Ihr war klar, dass das Unternehmen die variabelste Variante vorziehen würde. In diesem Fall stellte sie im nächsten Gespräch ihre Varianten vor und favorisierte den sicheren Mittelweg. Sie einigten sich nach harter Verhandlung auf 2.700 € Fixum und 2.800 € variablen Anteil. So hatte sie fast zwei Drittel als Fixum und konnte über den variablen Anteil sogar wesentlich höher kommen. Sie bekam durch ihre hervorragende Arbeit bereits im ersten Jahr ihren vollen variablen Anteil.*

Bitte überprüfen Sie genau, wie hoch Ihr Sicherheitsbedürfnis ist. Nehmen Sie folgendes Beispielangebot:

| Variante 1 | Variante 2 |
|---|---|
| 2.000 € fix + 500 € variabel | 1.000 € fix + 3.000 € variabel |

Welche Variante würden Sie auswählen? Bedenken Sie
dabei, dass Sie bei der zweiten Variante bei „nur" 50 Prozent Zielerreichung insgesamt ebenfalls 2.500 Euro bekommen, wenn Sie die Vereinbarung so abgeschlossen
haben. Außerdem können Sie bei Variante 2 mit hoher
Leistung um einiges mehr verdienen. Trotzdem würden
viele Menschen auf Sicherheit gehen und Variante 1 wäh-
len. Sie auch?

**Rechnen und bewerten Sie genau!**

Überprüfen Sie sehr genau, was Sie mit welchen Zielen vereinbaren: Gibt es den variablen Anteil nur bei
100 Prozent Zielerreichung? Wie viel gibt es bei wie
viel Prozent Zielerreichung? Achten Sie dabei immer
darauf, was Ihr Gefühl dazu sagt. Außerdem kann sich
im vereinbarten Zeitraum vieles verändern. Überprüfen
Sie deshalb in regelmäßigen Abständen, am besten
gemeinsam mit Ihrem Vorgesetzen, Ihre Ziele. Seien
Sie vorsichtig beim Vereinbaren von Zielen, wenn diese mehr von anderen abhängen als von Ihnen. Betrachten Sie Ihre eigenen Möglichkeiten dabei genau.

## *Boni, Gratifikationen, Unternehmensaktien*

Außer den variablen leistungsabhängigen Anteilen haben Unternehmen noch die Möglichkeit, ihre Mitarbeiter am Unternehmenserfolg zu beteiligen oder freiwillige Gratifikationen auszuschütten.

Sie könnten z. B. prozentual am Unternehmensgewinn teilhaben. Auf einen solchen Bonus können Sie hoffen, aber sich leider nicht verlassen. Geht es Ihrem Unternehmen jedoch gut, ist das eine interessante Möglichkeit.

Gratifikationen oder Sonderzahlungen können Sie zu jedem möglichen und unmöglichen Anlass bekommen. Weihnachts- und Urlaubsgeld sind typisch. Genauso gut können es Projektabschlüsse oder Quartalsergebnisse sein. Seien Sie kreativ, was die Anlassfindung angeht. Beachten Sie dabei, dass Gratifikationen meistens freiwillig sind und Sie möglicherweise keinen Anspruch auf weitere haben, wenn Sie einmal eine bekommen haben. Überprüfen Sie etwaige Rückzahlungsverpflichtungen genau.

Auf Unternehmensaktien sollten Sie sich nur einlassen, wenn Sie Ahnung von Aktien haben und wirklich etwas damit anfangen können.

# Geld ist nicht alles – was gibt's noch?

Schauen Sie als Erstes, was Sie bisher schon an Nebenleistungen bekommen, die Ihnen noch gar nicht aufgefallen sind, z. B. Privatnutzung von Laptop und Handy, Fahrtkostenzuschuss und Kantinenessen.

Wichtig ist bei diesem Punkt, dass der Arbeitgeber keinen Lohnnebenkostenanteil für diese Ausgaben hat, sodass er ungefähr 20 Prozent Kosten spart. Seien Sie also fantasievoll! Hier ein paar Beispiele und gleich Tipps dazu:

| Mögliche Nebenleistungen | |
|---|---|
| Kostenzuschüsse | Kinderbetreuung, Fahrtkosten, Essens- und Getränkezuschüsse, Handy- und Internetnutzung, Sportverein, Gutscheine, Wochenendtrips usw. kennen Sie bestimmt schon. Eine weitere gute Möglichkeit sind Rabatte bei anderen Unternehmen. Das spart Ihnen direkt Geld und kostet Ihren Arbeitgeber evtl. sogar nur Verhandlungszeit. Doch Vorsicht bei allen diesen Sachen: Überprüfen Sie einen möglichen geldwerten Vorteil, nicht dass die gesparten Ausgaben für Sie wieder steuerpflichtig werden! |
| Versorgungs-leistungen | Es gibt heute gute Möglichkeiten, wie der Arbeitgeber Ihre Altersvorsorge unterstützen kann. Stichpunkte, nach denen Sie fragen sollten, sind Direktversicherungen, Pensionskassen und betriebliche Altersvorsorge, vermögenswirksame Leistungen oder Ähnliches. |
| Firmenwagen | Lassen Sie sich von einem Fachmann, z. B. Steuerberater, genau ausrechnen, ob sich ein Firmenwagen für Ihre spezielle Situation lohnt bzw. ob für Sie eine Ersparnis oder ein Gewinn herausspringt. |

| Mögliche Nebenleistungen | |
|---|---|
| Freiheit und Freizeit | Sie können z. B. für das gleiche Geld weniger Stunden arbeiten. Sie dürfen zu Hause einen Telearbeitsplatz nutzen. Sie können Ihr Zeitkontingent großzügig selbst verwalten oder ein Sabbatical, eine längere unbezahlte Freistellung, einlegen. |
| Persönlichkeits-entwicklung und Weiterbildung | Seltsamerweise mögen Unternehmen diesen Punkt nicht besonders gern. Ich glaube, dass sie Angst haben, bei anderen Mitarbeitern Begehrlichkeiten zu wecken. Überzeugen Sie Ihr Verhandlungsgegenüber, dass das Unternehmen einen direkten oder indirekten Nutzen davon hat. |

| Checkliste: Nutzenargumente für Ihre Weiterbildung | |
|---|---|
| Suchen Sie sich Themen aus, in denen Sie sich gerne persönlich oder beruflich weiterbilden wollen. | |
| Überlegen Sie sich, welchen Nutzen jedes einzelne Thema Ihrem Unternehmen bringt, z. B. Verhandlungscoaching als Basis für das Durchsetzen Ihrer Projektideen, Selbstpräsentation als Fundament für die Unternehmenspräsentation. Mit Verkaufstraining und Konfliktmanagement wird die Argumentation schon wieder leichter. | |
| Suchen Sie sich mehrere Angebote, bei denen Ihnen Anbieter, Trainer und Programm zusagen. Bieten Sie Ihrem Chef eine Auswahl. | |
| Seien Sie hartnäckig! Lassen Sie sich nicht hinhalten. Fragen Sie immer wieder nach. Legen Sie immer wieder neue Alternativen vor. | |

**!** **Kostenteilung bei der Weiterbildung**

Eine weitere Möglichkeit, Weiterbildung zu bekommen, ist Kostenteilung. Ihr Arbeitgeber zahlt den Kurs, Sie sponsern die Zeit, nehmen also Urlaub oder machen die Weiterbildung in Ihrer Freizeit.

## Sie sind selbstständig? Was ist Ihre Leistung wert?

Wie rechnen Sie bis jetzt ab? Stundensätze, Pauschalen, Festpreise? Nehmen Sie das erste Mal Ihre Kladde in die Hand und rechnen Sie aus, wie viel unbezahlte Zeit Ihrer Arbeit gegen die bezahlte Zeit steht. Falls Sie sich Ihres Preises noch nicht sicher sind: Warten Sie ab, in den Kapiteln „Geld und Selbstwertgefühl – eine geheime Beziehung" und „Ihr Weg zum Ziel – mit Anlauf in sechs Schritten zum Erfolg" beschäftigen wir uns damit eingehender. Wenn Sie Ihren Preis gefunden haben, dann stehen Sie dazu und setzen ihn auch durch.

**!** **Rabatt nur mit Gegenleistung**

Geben Sie einen Rabatt niemals ohne Gegenleistung! Wenn Sie zuerst einen Preis X verlangen und dann um 30 Prozent runtergehen, hätten Sie ja gleich weniger verlangen können. Das gilt auch schon für fünf Prozent. Da Sie Ihre Preise bestimmt sinnvoll kalkulieren, können Sie nicht einfach spontan so viel nachlassen, ohne z. B. den Leistungsumfang zu reduzieren.

Rabatt für Gegenleistung ist in Ordnung, z. B. bei großen Mengen oder einer großen Anzahl Stunden, Rahmenvertrag, Empfehlungen, Anwenderberichten in den Medien usw.

### Claudia, 31, Techniktrainerin

*Claudia wurde vom Chef der Personalentwicklung ihres Kunden, für den sie seit drei Jahren technische Trainings durchführte, wegen dringenden Gesprächsbedarfs zum Mittagessen gebeten. Während des Essens rutschte der Kunde unruhig auf seinem Stuhl herum, bis er endlich die Katze aus dem Sack ließ: „Wir müssen mal über Ihre Tagessätze reden." Sie antwortete lächelnd: „Aber klar, wie viel mehr wollen Sie denn zahlen?" Da wurde er noch unruhiger und sagte: „Ja, äh, also es geht eher, äh, also um 200 Euro weniger am Tag." Sie lächelte immer noch und sagte: „Dann müssen Sie mich jetzt leider rauswerfen." Jetzt stotterte er fast vor lauter Unruhe: „Aber, aber wir brauchen Sie doch …" Sie sagte: „Überlegen Sie doch: Wenn ich Ihnen jetzt pro Tag 200 Euro nachlasse, habe ich Sie in den letzten drei Jahren bei 30 Trainingstagen um 6.000 Euro betrogen. Möchten Sie denn weiterhin mit einer Betrügerin zusammenarbeiten?" Jetzt verlor er endgültig die Fassung und entschuldigte sich kurz. Am Ende des Gesprächs ging die Techniktrainerin mit 100 Euro mehr am Tag nach Hause.*

Lassen Sie sich Mut machen von Menschen, die zu ihren Preisen stehen. Sie werden unglaubwürdig, wenn Sie ohne Grund einen Preisnachlass geben. Klar gibt es immer jemanden, der weniger verlangt und dann vielleicht den

Auftrag erhält. Überlegen Sie sich trotzdem oder gerade deswegen genau, wo Ihre Schmerzgrenze liegt. Legen Sie diese Schmerzgrenze schriftlich fest und lassen Sie sich nicht weiter herunterhandeln.

Wenn es um die Existenz geht, ist das Verhandeln wirklich schwieriger.

### Existenzsicherungstipp

Wenn Sie mit Ihrer Selbstständigkeit aus welchem Grund auch immer zu wenig Geld verdienen, um zu leben, überprüfen Sie, ob Ihre Preise zu niedrig sind. Wenn dem nicht so ist und Sie erst in die neue Akquisephase gehen, überlegen Sie ernsthaft, ob Sie sich noch einen zusätzlichen Brotjob suchen, z. B. Verkaufen, Taxifahren oder Ähnliches.

Ich kann es Ihnen wirklich gut nachfühlen, wenn Sie verzweifelt nach Aufträgen suchen. Niemand tut sich am Anfang oder in einer Krise leicht. Bitte verkaufen Sie sich trotzdem zu Ihrem Wert oder überlegen Sie, mit welcher Gegenleistung Sie einen Rabatt geben können und vor allem wollen.

Errechnen Sie verschiedene Möglichkeiten eines Rahmenvertrags, z. B. 80 Euro Stundensatz bei zehn Stunden pro Monat auf sechs Monate oder 75 Euro Stundensatz bei gleicher Stundenzahl pro Monat, allerdings auf zwölf Monate. Verlangen Sie für ein umfangreiches Angebotskonzept Ihren normalen Tagessatz und rechnen Sie bei Buchung der Durchführung des Konzepts die Hälfte des Preises an. Nehmen Sie einen Teil des Risikos auf sich und verlangen Sie in jedem Fall zwei Drittel und bei Gefallen ein Drittel des Preises für die Konzepterstellung. Damit zeigen Sie, dass Sie von Ihrer Arbeit überzeugt sind.

## Auf den Punkt gebracht

Sicherheits-Check:

▸ Wie wichtig ist Ihnen, prozentual gesehen, die Sicherheit?

▸ Schreiben Sie sich Ihre persönlichen Varianten aus Fixum und variablem Anteil auf.

Geld-ist-nicht-alles-Check:

▸ Überlegen Sie, welche anderen Bezahlformen Sie sich vorstellen können.

▸ Holen Sie sich Hilfe von Freunden in Form von Brainstorming und überlegen Sie noch einmal.

▸ Rechnen Sie die alternativen Bezahlformen in Geld um.

Selbstständigen-Check:

▸ Sind Sie bei Ihrem Honorar/Preis sicher?

▸ Mit welcher Gegenleistung könnte Ihr Auftraggeber Sie von einem Rabatt überzeugen?

▸ Mit welchem „Brotjob" könnten Sie Ihre Existenz vorübergehend sichern?

# Geld und Selbstwertgefühl – eine geheime Beziehung

Sie haben sich jetzt die ersten Gedanken zum Thema „Um Geld verhandeln" gemacht und Ihre Kladde ist auch schon auf den ersten Seiten gefüllt. Jetzt geht's gleich ans „Eingemachte": Legen wir dazu mit einer – scheinbar einfachen – Frage los: Was bedeutet Selbstwertgefühl für Sie?

Lassen wir uns das Wort Selbstwertgefühl doch einmal auf der Zunge zergehen: Selbst-Wert-Gefühl.

Haben Sie das Wort schon einmal so betrachtet? Es geht um Sie selbst. Sie haben einen Wert. Und Gefühl ist auch noch dabei. Der Wert hat eine so schöne zentrale Position in diesem Dreigestirn. Welche Position hat Ihr Wert in Ihrem Leben? Wer hat Ihrem Wert diese Position gegeben?

Schreiben Sie spontan in Ihrer Kladde auf, was Ihnen jetzt in diesem Moment dazu einfällt. Genau mit dieser geheimen Dreierbeziehung beschäftigen wir uns in den nächsten Kapiteln. Und vorneweg identifizieren wir Ihre Stolpersteine – alias Glaubenssätze – auf dem Weg zu einem guten und gesunden Selbstwertgefühl.

# So erkennen Sie Ihre persönlichen Glaubenssätze

Kommen Ihnen folgende Sätze bekannt vor?

So viel darf ich nicht verlangen. – Dieser Stundensatz ist unanständig. – Ich mache meine Arbeit doch gern. – Ich muss ja nicht davon leben. – Ich bin halt der ruhige Typ.

Herzlichen Glückwunsch! Sie sind in bester Gesellschaft. Wir schaffen es einfach immer wieder, uns selbst ein Bein zu stellen. Besonders gut geht das mit Glaubenssätzen. Das sind kleine, fiese Tierchen, die sich in unserem Unterbewusstsein festgesetzt haben und uns von dort aus steuern.

Da haben wir schon den springenden Punkt. Wir sind uns nicht bewusst, dass die Glaubenssätze in unserem Unterbewusstsein herumspringen und uns kleine oder große Steine in den Weg legen. Wir haben sie irgendwann von irgendwem oder in irgendeiner Situation gelernt und aus welchem Grund auch immer für gut befunden. Ob sie wirklich einmal gut waren, wissen wir nicht genau. Meistens haben sie uns vor Schlimmerem geschützt und eine Komfortzone wie einen Kokon um uns gebildet. Daran haben wir uns gewöhnt und auch irgendwann nicht mehr hinterfragt, ob er sinnvoll ist.

Folgende Geschichte illustriert sehr schön, wie eine Komfortzone aussehen kann und warum wir uns dort oft an alten Glaubenssätzen festhalten. Ja, sie geben uns auch Halt und ein Gerüst.

## Der kleine Zirkus-Elefant

*In einem Wanderzirkus kommt ein Elefanten-Baby zur Welt. Niemand im Zirkus hat Zeit, sich ständig um das Tier zu kümmern und aufzupassen, dass es nicht fortläuft. Deshalb macht der Wärter das, was er in solchen Situationen schon immer gemacht hat – er rammt einen Pflock in die Erde, bindet ein Seil daran fest, befestigt das andere Ende des Seiles am Hinterbein des Tieres und gibt ihm auf diese Art und Weise einen eingeschränkten Bewegungsfreiraum, während er gleichzeitig verhindert, dass das Tier fortläuft. Der kleine Elefant beginnt nun, das Terrain zu sondieren und erobert seine neue Welt, indem er in alle Himmelsrichtungen so weit geht, wie es das Seil zulässt. Auf diese Art und Weise entsteht ein runder, durch die Länge des Seiles vorgegebener Kreis.*

*Nach einer Weile hat unser kleiner Elefant alles entdeckt, was es innerhalb dieses Kreises zu entdecken gibt. Er macht die Erfahrung, dass es ihm hier gut geht und jeder Versuch, den Kreis zu verlassen, schmerzhaft ist, da das Seil an seinem Bein zerrt. Er beschränkt sich also auf „sein Reich", in dem er sich gut auskennt und dessen Grenze bald durch einen festgetretenen Kreis gekennzeichnet ist.*

*Nun geht die Zeit ins Land und unser kleiner Elefant wird größer und kräftiger. Irgendwann könnte er den Pflock mühelos aus der Erde ziehen, doch in der Zwischenzeit ist etwas geschehen – der Elefant hat „gelernt". Er hat gelernt, dass es keinen Sinn macht, an diesem Pflock zu ziehen, dass der Versuch, „seinen" Kreis zu verlassen, schmerzhaft ist. Er richtet sich in seiner Komfort-Zone behaglich ein und die Welt „da draußen" scheint für ihn nicht mehr erreichbar.*[1]

---

[1] Michael Fromm in: Coaching-Tools, managerSeminare Verlags GmbH, 2004

Die Geschichte zeigt uns, dass viele Grenzen in unserem Kopf existieren. Nicht umsonst steckt in der Bezeichnung „Gewohnheitstier" der Vergleich mit dem Tier.

Probieren Sie es aus: Vertauschen Sie den Platz von zwei Dingen, die Sie täglich benutzen, z. B. im Bad Creme und Zahnpasta. Ich bin gespannt, wie oft Sie danebengreifen, bis Sie sich umgewöhnt haben. Und wissen Sie, was das Schöne an der ganzen Sache ist? Sie allein entscheiden, ob Sie gemütlich in Ihrer Komfortzone bleiben. Im Übrigen ist es völlig in Ordnung, wenn Sie dort im Warmen bleiben. Und genauso o. k. ist es, wenn Sie sich da rausbewegen. Wichtig ist, dass Sie sich entscheiden können, sobald Sie sich Ihrer Komfortzonen bewusst geworden sind.

Wie ist es mit Ihrer persönlichen Komfortzone? Wenn Sie sich jetzt damit beschäftigen wollen, arbeiten Sie sich mit mir durch die nächsten Seiten. Wenn nicht, springen Sie direkt zum nächsten Abschnitt und kommen Sie vielleicht später wieder hierher zurück. Es ist Ihre Entscheidung.

### Die Komfortzone – bleiben oder gehen?

‣ *Erkennen Sie sich in dem kleinen Elefanten wieder?*

‣ *Wo und wann halten Sie sich an Grenzen, die vielleicht so nicht mehr existieren?*

‣ *Wollen Sie dieses Verhalten beibehalten? Das ist o. k.!*

‣ *Wollen Sie dieses Verhalten ändern? Wenn ja, wie?*

Und jetzt nehmen wir die Kurve in Richtung Glaubenssätze. Was genau haben die mit der Komfortzone zu tun? Sie sind die Mauern und Zäune, die die Komfortzone sichern. Leider nicht nur von außen, sondern auch von innen.

Was können wir tun mit den Glaubenssätzen? Als Erstes können wir sie identifizieren. Dann verlieren sie schon einmal den Schrecken des Unbewussten und kommen ans Licht. Wir können herausfinden, welchen Nutzen der jeweilige Satz uns in der Vergangenheit gebracht hat. Zu guter Letzt können wir jeden Glaubenssatz in einen Erlaubnissatz umformulieren. Dabei ist wichtig, dass es Ihr ganz persönlicher Erlaubnissatz ist. Es hilft Ihnen nichts, wenn er

für Ihre Freunde gilt. Es geht hier um Sie – ausschließlich um Sie! Es ist ja auch Ihr Selbstwertgefühl!

Aus unseren Einstiegsbeispielen könnten wir folgende positive Erlaubnissätze bauen:

| Glaubenssatz | Möglicher Erlaubnissatz |
|---|---|
| So viel darf ich nicht verlangen. | Ich darf für meine Arbeit angemessen viel Geld verlangen. |
| Dieser Stundensatz ist unanständig. | Meine Arbeit ist meinen Stundensatz wert. |
| Ich mache meine Arbeit doch gern. | Ich mache meine Arbeit gern und verdiene auch gerne gutes Geld damit. |
| Ich muss ja nicht davon leben. | Ich verkaufe meine Leistung zu angemessenen Preisen. |

| Glaubenssatz | Möglicher Erlaubnissatz |
|---|---|
| Ich bin halt der ruhige Typ. | Ich erreiche auch mit meiner ruhigen Art meine Ziele. |

> *Finden Sie Ihre persönlichen Glaubenssätze und formulieren Sie diese in Erlaubnissätze um:*
>
> ‣ *Welche persönlichen Glaubenssätze zum Thema Geldverhandlung finden Sie in Ihrem Innenleben?*
> ‣ *Schreiben Sie diese genau auf. Satz für Satz. Geben Sie ihnen Raum, ohne sie zu bewerten.*
> ‣ *Erinnern Sie sich – wenn möglich – an den früheren Nutzen Ihres Glaubenssatzes. Dann lassen Sie ihn los.*
> ‣ *Überlegen Sie, wie der jeweils positive Erlaubnissatz lauten könnte, und schreiben Sie ihn auf eine Extraseite.*
> ‣ *Sorgen Sie dafür, dass Ihnen die frisch gebackenen Erlaubnissätze so oft wie möglich präsent sind: Sprechen Sie sie vor sich hin. Schreiben Sie sie auf kleine Zettelchen, die Sie an prominente Plätze hängen.*

Und, wie war's? Gar nicht so einfach, oder? Ruhig Blut, das geht langsam und stetig besser, wenn Sie dranbleiben. Es wird sich etwas verändern, ich verspreche es Ihnen. Dranbleiben dürfen Sie natürlich auch mit allen Glaubenssätzen, die nicht das Geldverhandeln betreffen.

Zum Thema „Glaubenssätze" gibt es jede Menge Bücher. Wenn Sie beim Lesen festgestellt haben, dass da bei Ihnen einige Sätze sitzen, die Ihnen das Verhandeln schwer machen, dann entscheiden Sie, ob Sie sich ausgiebiger damit beschäftigen wollen. Tun Sie es und lassen Sie sich eventuell professionell unterstützen.

# Ihr Selbst – eine Bestandsaufnahme

*Am meisten fühlt man sich von Wahrheiten getroffen,*
*die man vor sich selbst verheimlichen wollte.*
*(Friedl Beutelrock, deutsche Schriftstellerin, † 1958)*

Was wissen Sie über sich selbst? Wie gern mögen Sie sich? Ich lade Sie ein, eine Bestandsaufnahme von und mit Ihrem Selbst zu machen.

Legen wir los mit der Selbstanalyse. Wenn Sie konkret wissen, wie Sie ticken, hat es ein Ende mit dem „Im-Trüben-Fischen" und Sie können tun, lassen und ändern, was Ihnen in den Kram passt. Stimmen Sie sich mit folgendem Text ein:

*Ihr Spiegelbild kennt die Wahrheit*

*Sie sind der Mensch, der Ihnen aus dem Spiegel entgegenschaut. Lügen Sie Ihr Spiegelbild ruhig an, es glaubt Ihnen kein einziges Wort. Es schaut Sie an und es heult, denn es kann die verborgene Wahrheit sofort und ungefiltert sehen. Fragen Sie den Menschen im Spiegel, was er Ihnen sagen will. Hören Sie ihm zu und beobachten Sie ihn genau – das sind Sie selbst. Sie stehen nicht vor Gericht, nicht vor Ihren Eltern, Freunden, Bekannten und Kollegen. Sie stehen vor dem Menschen, der Ihr größter und wichtigster Kritiker und gleichzeitig Ihr wohlmeinender Mentor ist. Sie spielen der Außenwelt erfolgreich die Rolle des zielstrebigen, tollen und bewundernswerten Menschen vor? Sie sind der König/ die Königin der Nacht? Bravo! Ihr Spiegelbild schimpft Sie eine Hexe oder einen Lump. Es glaubt Ihnen kein einziges Wort. Ein wichtiger Sieg im „Kampf" um Ihr Selbst ist Ihnen gelungen, wenn Ihr Spiegelbild Ihnen offen lächelnd in die*

*Augen schaut und Ihnen die Freundschaft anbietet. Dann ist es geschafft und Sie haben einen großen Berg bestiegen. Am Gipfel wartet der Mensch im Spiegel und streckt Ihnen lächelnd die Hand entgegen. Lachen, Weinen, Sorgen und Glück, alles ist jetzt erlaubt und spiegelt sich zurück!*

*(Claudia Kimich)*

Nehmen Sie Ihre Kladde und los geht's: Seien Sie ehrlich zu dem Menschen im Spiegel!

## 1. Schritt: Juhu! – O. k. so – Sind eben da – Rabäh!

▸ *Malen Sie sich vier Spalten und schreiben Sie die obigen vier Punkte als Überschriften hin.*

▸ *Füllen Sie die erste Spalte mit Eigenschaften, Vorlieben und Einstellungen, die Sie sehr an sich mögen.*

▸ *In die zweite Spalte kommen die Eigenschaften, Vorlieben und Einstellungen, die Sie ganz o. k. an sich finden.*

▸ *Die dritte Spalte zeigt die Eigenschaften, Vorlieben und Einstellungen, die halt da sind, die Sie aber nicht wirklich lieben.*

▸ *In der vierten Spalte listen Sie die Eigenschaften, Vorlieben und Einstellungen auf, die Sie an sich selbst nicht mögen.*

So, wie sieht's aus mit dem ersten Schritt? Sind Sie zufrieden damit? Gefällt Ihnen das, was Sie da jetzt lesen? Haben Sie Neuigkeiten an Ihrem Selbst entdeckt? Dann arbeiten wir damit gleich weiter:

*Selbstanalyse – Bearbeitung des ersten Schritts*

*1. Spalte – Juhu!: Das sind die Dinge, die Sie an sich mögen, dabei haben Sie ein gutes Gefühl und eine gute, sichere Ausstrahlung. Besinnen Sie sich vor einem Geldverhandlungsgespräch darauf und nutzen Sie diese Vorteile.*

*2. Spalte – O. K. so: Überlegen Sie sich, was Sie mit den Sachen, die da stehen, machen. Schauen Sie hin, ob Sie einige zu Juhus machen können. Ansonsten sind die Punkte in dieser Spalte ein gutes Fundament Ihres Selbst. Sie können sich darauf verlassen.*

*3. Spalte – Sind eben da: Eventuell liegen da ungeahnte Ressourcen. Beleuchten Sie diese von allen Seiten. Entdecken Sie, welche für Sie selbstverständlichen Schätze Ihres Selbst, z. B. ungeahnte Kreativität oder Willensstärke, hier liegen und nur darauf warten, gehoben und eingesetzt zu werden.*

*4. Spalte – Rabäh!: Sie mögen diese Spalte nicht? Ganz bestimmt haben auch diese Eigenschaften, Vorlieben und Einstellungen ihre Berechtigung. Jede Schwäche ist gleichzeitig eine Stärke. Münzen Sie Ihre Rabähs um: Ungeduldig in schnell und chaotisch in kreativ. Machen Sie das mit allen Punkten, die in der vierten Spalte stehen, dann sehen Sie Ihre Zusatzressourcen klar vor sich.*

Wie ist es jetzt? Mögen Sie Ihr Selbst mehr als vorher? Gut so. Ich freue mich mit Ihnen und wir gehen noch einen zweiten Schritt in der Analyse Ihres Selbst:

## 2. Schritt: Gut gemacht – Gut kaschiert – Auf die Nase gefallen

▸ *Malen Sie sich jetzt drei Spalten auf eine neue Seite Ihrer Kladde und schreiben Sie die obigen drei Überschriften auf.*

▸ *Füllen Sie die erste Spalte mit Ereignissen und Erfahrungen, von denen Sie guten Gewissens behaupten können, die haben Sie richtig gut gemacht, oder für die Sie von anderen sehr gelobt worden sind.*

▸ *In die zweite Spalte kommen Ereignisse und Erfahrungen, bei denen Sie ein bisschen geschummelt und am Ende doch ganz gut ausgesehen haben. Keiner hat's gemerkt!*

▸ *Die dritte Spalte zeigt die Ereignisse und Erfahrungen, bei denen alles Kaschieren nichts geholfen hat. Sie haben eine glatte Bauchlandung hingelegt.*

Vergleichen Sie die Ergebnisse der beiden ersten Schritte miteinander und fahnden Sie nach Zusammenhängen. Gibt es welche? Wenn ja, was sagt Ihnen das über Ihr Selbst? Vor allem, was wollen Sie damit tun? Sie können auch gar nichts damit machen und einfach genießen, dass Sie jetzt viel mehr und vor allem Neues über sich selbst wissen. Denken Sie immer daran, Sie entscheiden über Ihr Selbst!

---

**Ihr Selbst – nach der Bestandsaufnahme ist vor der Bestandsaufnahme**

Dieses Bild Ihres Selbst ist eine Momentaufnahme. In einem halben oder ganzen Jahr kann sich schon wieder einiges geändert haben. Wiederholen Sie diese Schritte regelmäßig, z. B. immer an Silvester. Ein guter Zeitpunkt ist auch immer vor neuen Lebensabschnitten oder wenn Sie sich mit Ihrem Selbst nicht wohlfühlen. Betrachten Sie sich als die Hauptperson in Ihrem Leben und beschäftigen Sie sich entsprechend damit.

---

# Erkennen Sie Ihren Wert

*Heute kennt man von allem den Preis, von nichts den Wert.*
*(Oscar Wilde, † 1900)*

Hand aufs Herz: Haben Sie schon mal gedacht: Das bin ich gar nicht wert? Wann hat Ihnen das letzte Mal jemand gesagt: „Das bist du mir wert!" Der Ausspruch: „Das/Der ist es nicht wert" ist ein geflügeltes Wort. Mich hat ein Satz meines Coachingausbilders sehr wachgerüttelt. Er hat in einem Konfliktmoderationsseminar zu uns gesagt: „Seid ihr es euch wert, eure Konflikte miteinander auszutragen?" Der Satz hat mich tief berührt. Ich habe seitdem viel darüber nachgedacht: zum einen, was ich mir selbst wert bin, zum anderen, was mir die anderen wert sind.

Wie sieht es da bei Ihnen aus? Was Sie ausmacht und wer Sie selbst sind, haben Sie im vorigen Kapitel herausgefunden. Wie setzen Sie dieses Wissen jetzt in einen Wert um? Ist jede Eigenschaft fünf Euro wert? Und jede Erfahrung

mit dieser Eigenschaft macht sie um einen Euro mehr
wert? Der Haken an der Geschichte: Sie entscheiden auch
hier wieder, was Ihr Wert ist. Sie können natürlich auch
Vergleiche ziehen und sich der Mehrheit anpassen. Ob Sie
damit glücklich werden, weiß ich nicht. Schauen wir uns
gemeinsam das Beispiel von Klaus an.

### Klaus, 22, Maschinenbaustudent

*Klaus finanzierte sich sein Studium über Programmierarbeiten und -kurse. Nach einem der Kurse sprach ihn ein Teilnehmer an: „Hätten Sie nicht auch Lust, Word- und Excel-Kurse zu geben?" In Klaus zog sich alles zusammen, da er ein eingefleischter Unix-Fan war. Gleichzeitig dachte er an den Zusatzverdienst, den er gut gebrauchen konnte. Er bat sich Bedenkzeit aus und schlief eine Nacht darüber. Am nächsten Morgen schüttelte es ihn noch immer bei dem Gedanken an Word-Kurse. Also beschloss er, „Schmerzensgeldaufschlag" zu verlangen. Er ging zu dem Interessenten und sagte: „O. k., ich mache die Kurse", und verlangte den doppelten Preis. Sein Gegenüber war fassungslos: „Aber ich kriege jemand anderen für die Hälfte des Preises!" Klaus antwortete gelassen: „Nehmen Sie ihn." Darauf der Kunde: „Aber ich will doch Sie." „Tja", sagte Klaus, „das ist ein Problem, glücklicherweise nicht meines." Er bekam den Auftrag für einige dieser Kurse, mochte sie immer noch nicht, aber mit dem „Schmerzensgeld" konnte er darüber hinwegsehen.*

Ist es Ihnen schon mal wie Klaus gegangen? Das Beispiel
zeigt sehr gut, wie unterschiedlich die Wahrnehmung vom
Wert einer Arbeit sein kann. Setzen Sie Ihren Wert fest.

Erkennen Sie Ihren Wert                                          33

## Stundensatztipp für Selbstständige

Sie haben sich selbstständig gemacht oder bringen gerade neue Angebote unter die Menschen? Sie denken, Sie müssten Ihre Leistungen noch üben? Sind eventuell noch nicht schnell genug oder Ähnliches? Bitte, bitte rechnen Sie das nicht in Ihren Stundensatz ein. Wenn Sie niedrig einsteigen, ist es sehr schwer, den Satz wesentlich zu erhöhen. Setzen Sie einen angemessenen Stundensatz an: Wenn Sie dann das Gefühl haben, Sie waren zu langsam oder Sie haben während des Auftrags eine steile Lernkurve zuungunsten der Kosten des Auftraggebers hingelegt, dann schenken Sie dem Kunden diese Zeit oder den Teil des Satzes. Und bitte schreiben Sie das „Geschenk" auf Ihre Rechnung mit dem Zusatz „ohne Berechnung". Tun Sie das auch mit allen anderen nicht berechneten Leistungen, z. B. Besprechungen, Anfahrtszeiten, Materialeinkauf oder Ähnliches. Schließlich soll Ihr Kunde wissen, was Sie alles so zwischendurch für ihn tun, oder nicht?

Überlegen Sie, in welchen Einheiten Sie diesen Wert abrechnen. Nur wenn Sie selbst von der Art und Weise Ihrer Berechnung überzeugt sind, sind Sie klar in der Verhandlung. Wenn Sie denken, Sie bekommen den Wert Ihrer Leistung nicht bezahlt, gibt es eine weitere Möglichkeit: Denken Sie über Ihre Zielgruppe oder die angestrebte Position nach. Lässt sich daran etwas drehen? Nehmen Sie sich Zeit und überlegen Sie, wie Ihr Traumkunde/-arbeitgeber aussehen soll. Und das überlegen Sie sich am besten so genau wie möglich.

Wie viel sind Sie wert? Ich würde Ihnen wirklich gerne eine Formel liefern, wie Sie Ihren Wert ausrechnen und gleichzeitig wissen: Der ist so richtig! Leider kann ich das nicht. Es gibt so viele Faktoren, die in diese Berechnung hineinspielen. Ein gutes Prüfmaß finden Sie, indem Sie Ihren momentanen tatsächlichen Satz ausrechnen, wie das folgende Beispiel zeigt:

### Sophia, 28, Grafikdesignerin

*Sophia klagte über zu viel Arbeit und zu wenig Verdienst. Wir rechneten das letzte halbe Jahr nach: Die Stunden, die sie tatsächlich dem Kunden fakturierte, die Stunden, die sie zusätzlich arbeitete, aber nicht berechnete, die Stunden, die für die Administration, z. B. Akquise und Buchhaltung, nötig waren, und zur Sicherheit schlugen wir noch 15 Prozent Puffer für die Dinge, die wir übersehen hatten, auf. Den Umsatz des halben Jahres teilten wir durch die ausgerechneten Stunden und kamen auf einen sehr geringen Stundensatz. Sophia war schockiert. Sie erhöhte Ihren Stundensatz um ein Drittel und achtete sehr sorgfältig darauf, dem Kunden alle geleisteten Stunden in Rechnung zu stellen.*

Was, glauben Sie, ist passiert? Zwei Drittel der Kunden sind geblieben, ein Drittel ist gegangen. Die Moral von der Geschichte: Mit diesen zwei Dritteln machte sie mehr Umsatz als vorher, da sie nicht nur die Preise erhöht, sondern auch alle Stunden aufgeschrieben hatte. Sie sehen, genauer hinschauen lohnt sich.

Auch wenn Sie angestellt sind, kann es sich lohnen: Berechnen Sie genau, wie viel Sie wirklich zwischendurch unbezahlt machen. Ein schnelles Telefonat am Wochenende, im Urlaub in die Mails schauen oder kurz das Konzept korrigieren? Machen Sie nicht? Wunderbar! Wenn doch, prüfen Sie Ihr Gefühl, ob Sie damit zufrieden sind oder ob das Preis-Leistungs-Verhältnis nicht mehr stimmt. Wenn dem so ist, werten Sie Ihre Überzeiten drei Monate lang aus und bringen Sie sie beim nächsten Gespräch auf den Tisch.

---

**Auf den Punkt gebracht**

Wenn Sie selbst an Ihrem Wert zweifeln, „riecht" das Ihr Gegenüber meilenweit gegen den Wind. Überprüfen Sie vorher, ob Ihr Wert in Euro für Sie stimmig ist. Wenn ja, dann volle Kraft voraus. Wenn nein, denken Sie darüber nach, woran es liegt: Vielleicht ist der Unstimmigkeitsfaktor ein Glaubenssatz.

---

# Was Ihre Gefühle Ihnen verraten

Bis jetzt haben Sie sich mit Ihrem Selbst beschäftigt und Ihren Wert ausgetüftelt. Wie fühlt sich das an? Empfinden Sie Freude, Schmerz, Aggression, Trauer oder Angst? Oder andere Gefühle? Horchen Sie in sich hinein. Dann gehen wir gemeinsam daran, einen Nutzen aus Ihren Gefühlen zu ziehen.

Schauen wir uns dazu noch mal Sophias Gefühlswelt an:

### Sophias Gefühlswelt

*Sophia ging nach der Erkenntnis des viel zu gering abgerechneten Preises durch eine ganze Menge Höhen und Tiefen ihrer Gefühle. Nach dem ersten lähmenden Schock schimpfte sie auf ihre Kunden. Sie war wütend auf sich selbst und projizierte diese Wut auf ihre Kunden. Als sie das erkannte, machte die Wut der Trauer darüber Platz, dass sie sich gewaltig unter Wert verkauft hatte. Sie beschloss zu handeln. Da kam sofort die Angst auf, dass ihr alle Kunden weglaufen. Erst nach etlichen positiven bzw. neutralen Reaktionen stellte sich die Freude über den erfolgreichen Schritt in die richtige Richtung ein. Und die blieb dann auch erst mal.*

An diesem Beispiel sehen Sie, dass es für den Erfolg unerlässlich ist, auf die eigenen Gefühle zu hören und sich mit ihnen auseinanderzusetzen. Sophia hat aus ihrer Wut und Trauer die Kraft geschöpft, den Schritt der Preiserhöhung durchzuziehen, obwohl sie große Angst vor dem Ergebnis hatte.

Die Angst vor etwas Ungewissem macht uns oft „gefühlt" handlungsunfähig. Reinhard Sprenger, der Motivationsexperte der Weiterbildungsliteratur, sagt: „Leiden ist leichter als handeln." Dieses Zitat passt beim Thema Geld sehr gut. Ich erzähle die Geschichte von Sophia gerne in Vorträgen und frage die Zuhörer, wie ihrer Meinung nach die Kunden auf die Preiserhöhung um ein Drittel reagiert haben. Einige sagen: „Gar nicht", der Rest schwankt zwischen 50 und 80 Prozent der Kunden, die geblieben seien. Wenn ich nach der Auflösung der Geschichte frage: „Und wer von Ihnen erhöht morgen die Preise um ein Drittel?", ernte ich betretene Blicke, Schweigen und die unausgesprochene Aussage: „Bei mir funktioniert das eh nicht. Ich habe Angst davor, dass es bei mir 90 Prozent sind, die dann gehen." Finden Sie in der folgenden Frageübung heraus, was Ihnen Ihre Gefühle über Ihr Selbst verraten:

*Was will mir mein Gefühl sagen?*

▸ *Welches Gefühl haben Sie, wenn Sie an Ihr Selbst denken?*

▸ *Beflügelt Sie dieses Gefühl? Wunderbar!*

▸ *Hindert Sie dieses Gefühl am Handeln?*

▸ *Was ist der Auslöser für dieses Gefühl?*

▸ *Gibt es einen Glaubenssatz, der Ihnen ein Bein stellt und das Gefühl auslöst?*

▸ *Überlegen Sie, wie Sie mit diesem Gefühl handlungsfähig werden, ohne es zu unterdrücken.*

Das Schöne an den Gefühlen ist: Wenn wir sie zulassen, geht es uns gleich besser. Vor allem fühlen wir uns nicht mehr hilflos ausgeliefert und machtlos. Die Gefühle dürfen kommen und gehen. Mit ein bisschen Übung werden Sie es schaffen, Ihre Gefühle zu erleben und nicht von ihnen überwältigt zu werden. Sie sind nicht Ihre Gefühle, Sie haben nur welche.

# Vergleichen Sie Ihr Selbstbild mit Ihrem Fremdbild

In den vorherigen Kapiteln haben Sie sich mit Ihrem Selbstbild, dem dazugehörigen Wert und Ihren Gefühlen beschäftigt. Jetzt bekommen Sie die Chance, Ihr Selbstbild mit Ihrem Fremdbild abzugleichen.

**Nur mit längerem Vorlauf verwenden!**

Bitte machen Sie diesen Vergleich nur, wenn Sie bis zu Ihrer nächsten Geldverhandlung noch eine Weile Zeit haben. Die Ergebnisse könnten Sie durcheinanderbringen und damit den Erfolg Ihrer Geldverhandlung gefährden.

Jetzt denken Sie vielleicht, da bekomme ich ein Tool und dann darf ich es nicht anwenden? Klar dürfen Sie! Ich bitte Sie nur, umsichtig mit sich selbst umzugehen. Es kann klüger sein, sich nicht kurz vor einer Verhandlungssituation durch ein unerwartetes Fremdbild aufzuwühlen. Es kommt sehr darauf an, wie Sie sich selbst sehen. Schauen Sie noch mal auf das Selbstbild, das Sie erarbeitet haben: Wenn Sie zum Tiefstapeln neigen oder eher vorsichtig mit Eigenlob sind, dann kann Sie ein positives Fremdbild vor einer Verhandlung beflügeln.

Was bringt Ihnen denn nun so ein Selbstbild-Fremdbild-Vergleich? Betrachten Sie zuerst die Definitionen von Selbstbild und Fremdbild:

### Definition Selbstbild
*Wie sehe ich mich?*
*Es ist die subjektiv richtige Beschreibung der eigenen Person.*

## *Definition Fremdbild*

*Wie sehen mich die anderen?*

*Es ist die subjektiv richtige Beschreibung der eigenen Person durch andere Personen, z. B. Familie, Freunde, Kollegen, Mitarbeiter, Vorgesetzte.*

O. k., so ist das also. Sie können sich mit dem nachfolgenden Vergleich mehrere Fremdbilder einholen und mit Ihrem Selbstbild vergleichen. Optional können Sie sich für die Auswertung einen Coach zu Hilfe holen.

Eine Journalistin machte mit diesem Test einen Selbstversuch und stellte fest, dass sie einige Dinge ohne Hilfe anders interpretiert hatte. Sie hatte z. B. „sensibel" als „empfindlich" übersetzt und ihre Feedbackgeber sahen es als „feinfühlig".

### Nachfragen ist besser als Unterstellen

Wenn Sie Ergebnisse aus diesem Vergleich nicht verstehen, irritiert sind oder sogar schockiert: Bitte fragen Sie nach! Wir neigen dazu, erst einmal alles Mögliche zu unterstellen und uns Negatives auszumalen. Nachfragen ist definitiv die effektivste Möglichkeit der Klärung in diesem Zusammenhang.

Sind Sie bereit für den Selbstbild-Fremdbild-Vergleich? Dann legen Sie gleich los!

Machen Sie fünf Kopien der nächsten Seiten.[2] Tragen Sie in eine Ihr Selbstbild (SB) ein und geben Sie die anderen Exemplare an vier Personen Ihres Vertrauens für Ihr Fremdbild (FB) weiter. Diese tragen Sie dann in die Fremdbildspalten FB1–FB4 ein. Achten Sie darauf, dass die Personen ihre ehrliche Meinung aufschreiben und Ihnen nicht „schöntun" wollen.

| 1 | 2 | 3 | 4 | 5 | 6 | 7 |
|---|---|---|---|---|---|---|
| trifft gar nicht zu | trifft nicht zu | trifft eher nicht zu | weiß nicht | trifft etwas zu | trifft zu | trifft voll zu |

| Bewertung von Eigenschaften | | | | | |
|---|---|---|---|---|---|
| | SB | FB1 | FB2 | FB3 | FB4 |
| freundlich | | | | | |
| hilfsbereit | | | | | |
| beliebt | | | | | |
| selbstbewusst | | | | | |
| optimistisch | | | | | |
| aufgeschlossen | | | | | |
| schlagfertig | | | | | |
| authentisch | | | | | |
| arrogant | | | | | |
| naiv | | | | | |

---

[2] Sie finden diesen Selbstbild-Fremdbild-Test als PDF zum leichteren Ausdruck unter www.geldverhandeln.de.

| Bewertung von Eigenschaften | | | | | |
|---|---|---|---|---|---|
| | SB | FB1 | FB2 | FB3 | FB4 |
| impulsiv | | | | | |
| aggressiv | | | | | |
| dominant | | | | | |
| intelligent | | | | | |
| kreativ | | | | | |
| tolerant | | | | | |
| zuverlässig | | | | | |
| vertrauenswürdig | | | | | |
| mutig | | | | | |
| ehrlich | | | | | |
| humorvoll | | | | | |
| kritikfähig | | | | | |
| sensibel | | | | | |
| empathisch | | | | | |
| geduldig | | | | | |

| Bewertung von Situationen | | | | | |
|---|---|---|---|---|---|
| | SB | FB1 | FB2 | FB3 | FB4 |
| Ist in Gesprächen offen für Neues und anderes | | | | | |
| Hört aktiv zu | | | | | |
| Bewertet und urteilt schnell | | | | | |

| Bewertung von Situationen | | | | | |
|---|---|---|---|---|---|
| | SB | FB1 | FB2 | FB3 | FB4 |
| Gibt eigene Fehler zu und kann daraus lernen | | | | | |
| Löst Probleme, anstatt darüber zu jammern | | | | | |
| Sagt, was sie/er denkt | | | | | |
| Meint, was sie/er sagt | | | | | |
| Lässt sich leicht beeinflussen | | | | | |
| Zögert nicht, Entscheidungen zu treffen | | | | | |
| Hat eine gute Selbsteinschätzung | | | | | |
| Reagiert flexibel in jeder Lebenslage | | | | | |
| Sieht Veränderungen und kritische Situationen als Chance | | | | | |
| Kann eigene Ideen auf den Tisch bringen und andere davon überzeugen | | | | | |

Fügen Sie die Antworten der anderen in Ihren Bogen ein und vergleichen Sie die Ergebnisse. Holen Sie sich, wenn nötig, Hilfe zur Auswertung und Weiterbearbeitung. Es gäbe z. B. die Möglichkeit, die Fremdbilder anonym einzuholen, indem Sie diese direkt Ihrem Coach per Post zuschicken lassen.

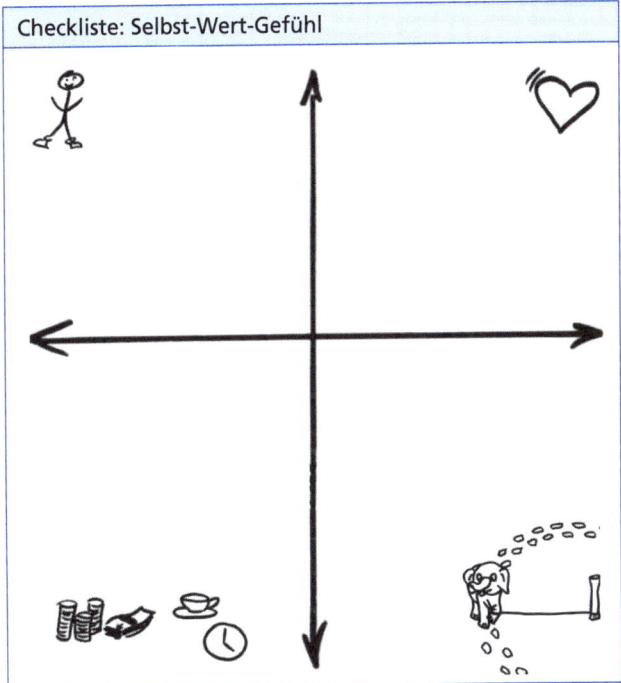

**Checkliste: Selbst-Wert-Gefühl**

Zeichnen Sie in diesem Checklistenbild Ihren jeweiligen aktuellen Stand nach folgenden Fragen ein:

| **Checkliste: Selbst-Wert-Gefühl** | |
|---|---|
| 1. Quadrant: Mensch – Ihr Selbst | |
| Betrachten Sie Ihre Selbstanalyse noch einmal: Wie sicher sind Sie sich in Ihrer Selbsteinschätzung? <br> ▸ Schreiben Sie die sicheren Faktoren in Ihrer Lieblingsfarbe hinein. <br> ▸ Tragen Sie Faktoren, bei denen Sie noch etwas tun oder ändern wollen, in einer anderen Farbe ein. | ✓ |
| 2. Quadrant: Herz – Ihr Gefühl | |
| ▸ Was sagt Ihr Gefühl dazu? Ist es stimmig? <br> ▸ Schreiben Sie die angenehmen Gefühle mit Ihrer Lieblingsfarbe in den Quadranten. | ✓ |
| 3. Quadrant: Geld – Ihr Wert | |
| ▸ Wie hoch schätzen Sie Ihren Wert ein? <br> ▸ Schreiben Sie Ihren Wert im Klartext in den dritten Quadranten! | ✓ |
| 4. Quadrant: kleiner Elefant – Ihre Glaubenssätze | |
| ▸ Hinterfragen Sie die Gefühle, die Ihnen nicht angenehm sind. <br> ▸ Suchen Sie nach eventuellen Glaubenssätzen und schreiben Sie die Erlaubnissätze dazu in den vierten Quadranten. | ✓ |

# Ihr Weg zum Ziel – mit Anlauf in sechs Schritten zum Erfolg

> *„Grinsekatze", begann sie ein wenig zaghaft, „würdest du mir sagen, welchen Weg ich von hier aus nehmen soll?"*
> *„Kommt darauf an, wohin du gehen möchtest", antwortete die Katze. „Es ist mir gar nicht so wichtig, wohin", sagte Alice. „Dann spielt es auch keine Rolle, welchen Weg du nimmst", sagte die Katze.*
>
> Lewis Carroll, Alice im Wunderland

Ohne Ziel ist auch der Weg egal – das soll Alice aus ihrem Gespräch mit der Grinsekatze lernen. Wie genau haben Sie sich bei Ihren bisherigen Verhandlungen zum Thema Geld mit Ihrem Ziel beschäftigt? Haben Sie sich damit im Detail, eher wischiwaschi oder gar nicht auseinandergesetzt? Denken und formulieren Sie ab jetzt zielorientiert. Das bringt Sie zu Ihrem Ziel. Vor allem, wenn Sie es ziemlich zügig angehen, ich verspreche es Ihnen.

## Formulieren Sie ichbezogen und positiv

Sind Ihre Ziele Ihre eigenen oder die Ihrer Partner, Eltern, Kinder, Freunde und Kollegen?

Mal ehrlich, und nicht schwindeln oder gar rechtfertigen: Haben Sie gerade gedacht: „Aber, aber … ich kann doch nicht nur an mich denken?" Doch, das können Sie! Entscheiden Sie sich dafür, dann können Sie es. Funktioniert es nicht? Die gute Nachricht lautet, es funktioniert noch nicht! Beschäftigen Sie sich noch mal ausgiebig mit dem vorigen Kapitel über Selbstwertgefühl und kehren Sie dann hierher zurück. Und machen Sie auch die Übungen, das hilft! Es geht um Sie, und zwar nur um Sie! Sehe ich da ein leichtes oder gar mittelschweres Stirnrunzeln? Sagen Sie ICH!

Ich weiß, der beliebteste Glaubenssatz zu diesem Thema lautet: „Der Esel nennt sich immer zuerst." Entgegen dem Volksmund ist der Esel ein sehr schlaues Tier. Er findet mit seinem außerordentlichen Geruchssinn Nahrung und Wasser, die tief im Boden verborgen sind. Andere Tiere haben das längst kapiert und lassen den Esel gern „zuerst" laufen, um ihr eigenes Überleben zu sichern.

> *Schnappen Sie sich Ihre Kladde und Ihren Lieblingsstift! Los geht's! Schreiben Sie sich das Ziel auf, das in den vorherigen Kapiteln in Ihrem Kopf entstanden ist.*

Und? Wie gefällt Ihnen Ihr erster Entwurf? Noch nicht? Ruhig Blut, am Ende wird alles gut! Wir bearbeiten Ihre Ziele Schritt für Schritt gemeinsam und legen damit den Grundstein zu Ihrem Erfolg.

Achten Sie auf Unwörter in Ihrem Ziel. „Unwörter" nenne ich Wörter, die die Bedeutung einer Aussage verfälschen, schwächen oder unglaubwürdig machen. Diese Wörter können sogar negative Gedanken, Druck und Widerspruch auslösen. Der Haken daran ist, dass das alles meistens nicht bewusst passiert, sondern nebenbei im Unterbewusstsein abläuft und eine unbewusste Reaktion bei Ihnen oder Ihrem Gegenüber hervorruft. In den nächsten Abschnitten arbeiten wir an den Unwörtern, schonen so Ihr Unterbewusstsein und bringen Sie Ihren Zielen näher.

Mein Lieblingsbeispiel für Unwörter und was passieren kann, wenn Sie diese Wörter benutzen, ist „Denken Sie mal nicht an einen türkisfarbenen Elefanten." Und? Was ist passiert? Genau, Sie haben an einen türkisfarbenen Elefanten gedacht! Und zwar deshalb, weil Ihr Unterbewusstsein das Wörtchen „nicht" nicht kennt. Es konzentriert sich auf die Aussagen um das Nicht herum.

### *Positive Formulierung*

*Formulieren Sie als Allererstes Ihre Ziele positiv.*

| | |
|---|---|
| *Ich will nicht jeden Cent umdrehen müssen.* | *Ich verdiene genug Geld, um mein Leben zu genießen.* |
| *Ich will nicht weniger verdienen als der Kollege.* | *Ich werde das Gleiche wie mein Kollege verdienen.* |

Na, hat es Ihnen – aus Versehen – Spaß gemacht? Wir machen gleich weiter. Stehen Sie zu sich und Ihrem Ziel. Es ist doch Ihres, oder?

### *Verallgemeinerungen*

*Ersetzen Sie bitte jetzt alle Verallgemeinerungen in Ihrem Ziel und schreiben Sie „ich" statt „man": „Ich verhandle" statt „Man verhandelt".*

Sieht besser aus, oder? Mit „man" lassen Sie sich ein Hintertürchen offen. Indem Sie Ihre Aussage mit „ich" personalisieren, übernehmen Sie Verantwortung für Ihre Aussage. Bäh, denken Sie jetzt? Stimmt. Verantwortung übernehmen bedeutet, dass es niemanden mehr gibt, auf den Sie die Schuld schieben können. Ganz schön blöd? Stimmt schon wieder. Und sehr zielführend! Alternativ können Sie sich gerne eine reiche Erbtante oder den milliardenschweren Ölscheich zur Finanzierung Ihres Lebensunterhalts suchen. Allerdings sollten Sie dabei vorher darüber nachdenken, ob Sie die sicher erwartete Gegenleistung erbringen wollen.

Damit Sie Ihre Ziele, egal für welchen Lebensbereich, ab jetzt fast automatisch hintertürchenfrei formulieren, machen Sie die folgende Klatsch-Übung. Klatschen Sie so lange, bis es Ihnen und Ihren Freunden in Fleisch und Blut übergegangen ist.

### Klatsch-Übung:

*Treffen Sie sich mit einem Freund oder einer Freundin. Reden Sie miteinander. Wenn eine(r) von Ihnen „man" sagt, klatscht die/der andere in die Hände. So entwickeln Sie ein Bewusstsein für Ihre Hintertürchen.*

Jetzt sind Sie Ihrem Ziel schon viele kleine Schritte näher gekommen. Glückwunsch, da machen wir auch gleich weiter!

Stellen Sie sich ein Kind vor, das vor Ihnen steht und sagt: „Ach, weißt du, wenn ich darüber nachdenke, dann hätte ich gerne ein blaues Fahrrad mit einer roten Klingel, aber wenn es dir etwas ausmacht, würde ich auch das grüne mit der blauen Klingel nehmen und es könnte auch noch zwei, drei Wochen nach meinem Geburtstag kommen oder so." Unvorstellbar? Genau! Ein Kind sagt: „Ich will zum Geburtstag das blaue Fahrrad mit der roten Klingel!" Es sagt seine „Ziele" klar und deutlich. Machen Sie es wie das Kind. Und damit meine ich:

### Tatsachen statt Möglichkeiten

*Ersetzen Sie jetzt Möglichkeitsformen wie z. B. „würde", „hätte", „möchte", „könnte" und „dürfte" durch die Tatsachenformen: „werde", „habe", „will", „kann" und „darf".*

Jetzt sind Sie schon weit gekommen. Ich will trotzdem noch eine ganze Menge von Ihnen: Prüfen Sie gleich, ob sich in Ihrem Ziel noch einige der folgenden Füllwörter verstecken.

### Füllwörter

*Streichen Sie Füllwörter wie z. B. äh – ähm – tja – oder so – eigentlich – vielleicht – quasi – eventuell – aber – auch – ja – im Prinzip – allerdings – gegebenenfalls – relativ – möglicherweise – natürlich – typischerweise – grundsätzlich – letztlich – letztendlich – nahezu – ziemlich – in der Regel – schon – im Begriff sein ...*

Überlegen Sie zumindest, ob diese Wörter Ihre Aussage verändern. Lassen Sie die Füllwörter beim Vorsagen oder Lesen weg und prüfen Sie, ob inhaltlich etwas fehlt.

Wollen Sie klar reden und damit besser leben? Dann können Sie Ihre persönlichen Füllwörter mit der folgenden Variante der Klatsch-Übung eliminieren.

### Klatsch-Übung – Variante

*Finden Sie mit der Klatsch-Übung (siehe oben) Ihre persönlichen Füllwörter heraus. Suchen Sie das Füllwort, das Ihnen am meisten auf die Nerven geht. Bauen Sie dieses Füllwort fünf Minuten lang in jeden Satz dreimal ein.*

Der Aha-Effekt dabei ist: Wenn Sie ein Wort bewusst einsetzen können, können Sie es auch bewusst weglassen. So einfach kann es gehen. Lassen Sie sich Ihre Füllwörter immer wieder von Ihrer Umgebung spiegeln. Das ist manchmal schmerzhaft, aber es hilft.

Jetzt haben Sie schon viel Gutes geleistet. Zum nächsten Thema, den Weichmachern, starten wir mit zwei Selbstversuchen zum besseren Verständnis durch. Und gleichzeitig bringen diese Übungen Ihr Hirn nach dem langen Sitzen und Denken wieder in Schwung. Stehen Sie dazu bitte auf und machen Sie die beiden folgenden Übungen:

### Selbstversuch 1

*Nehmen Sie einen Stift in die Hand und versuchen Sie, ihn fallen zu lassen! Und? Hat's geklappt? Haben Sie ihn losgelassen oder haben Sie ihn festgehalten?*

Sie grinsen verschämt? Sie sehen den „Casus knaxus"? Genau – wenn der Stift am Boden liegt, war es kein Versuch; Sie haben nicht versucht, etwas zu tun, sondern Sie haben es getan. Sie können nur festhalten oder loslassen.

### Selbstversuch 2

*Stehen Sie bitte auf und stellen Sie sich vor einen Stuhl. Jetzt versuchen Sie, sich hinzusetzen. Nur versuchen!!! Genau, ganz schön anstrengend, so fünf Zentimeter über der Sitzfläche, oder? Und jetzt richten Sie sich noch einmal auf und dann setzen Sie sich hin. Nun? Was ist leichter?*

„Versuchen" gehört zu den sogenannten Weichmachern und macht zusammen mit „glauben", „bemühen", „anstrengen", „vielleicht" und „eventuell" Ihre Ziele zu einer grauen, breiigen, formlosen Masse. Wollen Sie das?

### Weichmacher

*Streichen Sie jetzt sofort alle Weichmacher aus Ihren Zielen.*

Nun haben Sie die Weichmacher eliminiert und so Ihrem Ziel und sich selbst mehr Klarheit verschafft. Widmen wir uns im nächsten Schritt dem Gegenteil der Weichmacher: den Abschreckern, wie z. B. „müssen", „Problem", „Mühe" oder „Disziplin". Sie verschaffen sich und mir große Erleichterung, indem Sie das Wort „müssen" in jeder Variante aus Ihrem Sprach- und Schreibgebrauch streichen. Kennen Sie drei-/vierjährige Kinder, die ins Bett gehen sollen und nicht wollen? Sie spreizen sich mit allen Vieren sehr kraftvoll in die Tür und haben damit oft Erfolg, solange der ins Bett bringende Erwachsene kein achtarmiger Tintenfisch ist. Genauso geht es Ihrem Unterbewusstsein, wenn es auf das Wort „müssen" stößt. Es spreizt sich ein. Ihr innerer Schweinehund lehnt sich beruhigt in seinem Hüttchen zurück. Er kaut genüsslich an seinem Würstel und lässt Sie ackern. Sie brauchen viel Energie und am Ende gewinnt er doch, der Schweinehund.

### Aktive Verben

*Formulieren Sie „müssen" in ein aktives Verb um:*

| | |
|---|---|
| Ich muss mit meinem Chef über mein Gehalt reden. | Ich spreche mit meinem Chef über mein Gehalt. |
| Ich muss noch die Dokumentation für das Projekt ABC schreiben. | Ich schreibe die Dokumentation für das Projekt ABC. |

„Nur geschriebenes Denken ist konstruktives Denken." Mit dieser Aussage habe ich schon etliche meiner Klienten an den Rand des Wahnsinns getrieben. Die meisten waren mir hinterher dankbar und haben sich eine Kladde gekauft. In dieser denken sie jetzt in jeder Lebenslage strukturierter und schriftlich.

---

**Auf den Punkt gebracht**

Ziele positiv formulieren und aufschreiben bringt's!

Sie haben Ihre Ziele aufgeschrieben und damit Ihre Wünsche und Träume sichtbar und erreichbar gemacht. Schwarz auf weiß – oder bunt, wenn Ihnen das lieber ist – zieren sie jetzt ein Blatt Papier. Bisher schwirrten sie „nur" durch Ihren Kopf oder Sie haben sie allenfalls erzählt. Jetzt sind Ihre Wünsche und Träume plötzlich fassbar und damit bearbeitbar. Also nichts wie hin zum Ziel!

---

Und nun nehmen wir Ihre bisherige Vorarbeit, gehen das Ganze noch mal strategisch an und verpassen Ihren Zielen den letzten Schliff. Dabei bewegen Sie sich in sechs Schritten kontinuierlich zum Erfolg – Kimich-Methode: 1. konkret – 2. intuitiv – 3. messbar – 4. initiativ – 5. creativ (Man verzeihe mir die falsche Schreibung!) – 6. herausfordernd. Das bedeutet, Sie machen Ihr Ziel mit jedem Schritt besser. Viel Spaß! Denn: Ja, es darf Spaß machen!

# Schritt 1: Werden Sie konkret

Kennen Sie das? Sie stehen irgendwo und wollen eine größere Anschaffung machen und der Verkäufer stellt Ihnen jede Menge Fragen. Dabei bemerken Sie erst, dass Sie über einige durchaus wichtige Dinge noch gar nicht nachgedacht haben.

### Gerrit, 32, Senior-PR-Beraterin

*Gerrit kam mit folgender Aussage ins Coaching: „Ich arbeite mich halb zu Tode. Ich brauche mehr Geld zum Leben und schließlich will ich auch noch meinen MBA machen. Wie soll ich denn das bezahlen?" Das war ein bisschen viel auf einmal. Zuerst trennten wir die Aussagen, dann vergaben wir Prioritäten und formulierten jedes Ziel konkret. So sahen die Ziele nachher aus: „Ich zeige meinem Chef, wo ich welche Arbeit leiste. Ich bespreche, dass ich für diese Leistung 15 Prozent mehr Gehalt bekomme. Ich fordere Unterstützung bei Projekt XY. Ich erzähle von meinem MBA-Vorhaben und vereinbare einen weiteren Termin in drei Monaten, um mit meinem Chef über Finanzierungsunterstützung zu sprechen."*

Vorbereitung ist ein wichtiges Kriterium für Ihre erfolgreiche Verhandlung. Seien Sie sich Ihrer Leistungen und des daraus entstehenden Nutzens bewusst! **!**

Vergleichen Sie das Ganze mit Ihrem letzten Autokauf! Wussten Sie, was Sie wollten? Sportwagen oder Familienkutsche, Diesel oder Benzin, Farbe und die Details der Innenausstattung? Natürlich wussten Sie das alles! Sehr gut,

genauso machen Sie's mit Ihrem nächsten Verhandlungs-
ziel!

> *Formulieren Sie Ihr Ziel konkret.*
> *„Ich will mehr Geld" ist schwammig.*

## Definition „konkret"

*„Konkret" bedeutet: genau, detailliert und auf den Punkt
gebracht.*
*Was wollen Sie? Für welche Leistung wollen Sie es? Was ist
der Nutzen für Ihr Gegenüber?*

„Konkret" bedeutet auch, dass Sie sich Ihrer Leistungen
bewusst sind oder werden. Bedenken Sie, dass eine Geldverhandlung ein klares Gegengeschäft ist: Sie erhalten den
Gegenwert für Ihre Leistung. Gehören Sie zu den Menschen, die noch an das Märchen glauben, dass Ihr Chef
Ihre Taten sieht und entsprechend würdigt? Wie soll er
denn? Und vor allem, wann? Ihr Chef hat seine eigenen
Aufgaben und verlässt sich darauf, dass seine Mitarbeiter
arbeiten. Für Sie bedeutet das:

### Erstellen Sie Ihre Leistungsliste

> *Listen Sie Ihre Leistungen, Tätigkeiten und Projekte genau*
> *auf. Stellen Sie heraus, was genau Ihr Anteil daran war.*
> *Bereiten Sie die Informationen z. B. in einer Tabelle (Tätig-*
> *keit/Projekt – Eigenanteil – Nutzen) auf.*

Stehen Sie zu Ihren Erfolgen und präsentieren Sie den
Nutzen, den Sie dem Unternehmen bringen, am besten auf
dem Silbertablett, sodass kein Chef daran vorbeischauen
kann. Je nach Cheftyp (vgl. Kapitel „Verhandlungstypen

durchschauen") bereiten Sie die Infos unterschiedlich auf und sorgen so für dauerhafte Infotropfen, die bekanntlich den Stein höhlen. Außerdem entsteht dabei Ihr positives, leistungsstarkes Gesamtbild.

*Übung: Werden Sie konkret*
- *Schreiben Sie Ihr Ziel auf.*
- *Prüfen Sie, dass es sich um <u>ein</u> Ziel handelt.*
- *Bei Mehrfachzielen bearbeiten Sie das Wichtigste zuerst.*
- *Beschreiben Sie Ihren Zielgegenstand so genau wie möglich.*
- *Wiederholen Sie diese Übung mit allen Ihren Zielen.*

## Schritt 2: Vertrauen Sie Ihrer Intuition

Sie haben Ihr Ziel konkretisiert? So weit, so gut. Kommen wir nun zu Ihrer Intuition. Wenn wir Entscheidungen treffen, vor allem wenn's schnell gehen muss, dann treffen wir sie meist aus dem Bauch heraus. Oft sind das die besten Entscheidungen.

*Befragen Sie Ihren Bauch zu Ihrem Ziel:*
- *Haben Sie ein warmes, wohliges Gefühl, bunte Farben, Sonnenschein oder zufriedenes Grunzen? Sehr gut, dann ist es genau richtig!*
- *Grummelt es, ziept es, ist das Gefühl unangenehm? Haben Sie gruselige Körperempfindungen, z. B. Schweißausbrüche, Durchfall, Übelkeit? Denken Sie nach. Woher könnte das Grummeln kommen? Wollen Sie etwas ändern? Wollen Sie es so lassen? Treffen Sie eine Entscheidung! Jetzt!*

## Definition „Intuition"

*„Intuitiv sein" bedeutet, auf Ihre Gefühle zu achten, sie zu verstehen und „richtig" danach zu handeln.*

### Karsten, 48, Marketingmanager

*Karsten kam zu mir, um einen Job zu finden. Schon in der zweiten Sitzung hatte er drei Angebote zur Entscheidung dabei. Doch eine Stunde später war klar, er will keinen dieser drei Jobs. Zuerst haben wir uns mit seinen negativen Bauchgefühlen auseinandergesetzt. Nachdem er auf die Gefühle gehört und sie hinterfragt hatte, ging es ihm deutlich besser und er konnte sich damit beschäftigen, was er für einen Job wollte. Der positive Nebeneffekt: Sein Traumjob kam zwei Wochen später fast selbstständig zu ihm.*

## Exkurs: Persönlichkeitsentwicklung als Intuitionsindikator

Sie können Ihr Bauchgrummeln sichtbar machen, indem Sie sich zum Beispiel mit Ihren inneren Persönlichkeiten beschäftigen. Wir alle haben ganz viele verschiedene Charaktere, die wir uns im Laufe unseres Lebens zugelegt haben. Da gibt es z. B. die Perfektionistin, den Bürohengst, das verletzliche Kind oder den Clown und jede Menge andere. Wir geben den Stellvertretern dieser Persönlichkeiten allen ihren Platz.

Stellen Sie sich vor, alle säßen z. B. an einem großen runden Tisch und kämen zu Wort. Wir gewinnen auf diese Weise viele neue Blickwinkel. Jeden dieser Bestandteile unserer Persönlichkeit haben wir uns im Laufe unseres Lebens aus guten Gründen zugelegt. Es kann allerdings durchaus sein, dass der Sinn jetzt nicht mehr da oder nicht mehr angemessen ist.

Nehmen Sie z. B. einen Säugling, der, wenn er Hunger hat, schreit, um auf sein Bedürfnis aufmerksam zu machen. Wenn wir jetzt im Restaurant einfach nur „Bäh" schreien, wird es für den armen Kellner schwierig zu verstehen, dass wir gerne einen Pinot Grigio und die Rigatoni Quattro Formaggi bestellen wollen. Wir haben uns in diesem Fall ein neues Muster zugelegt.

Leider wird in anderen Bereichen das alte Muster nicht immer ersetzt, sondern agiert weiter fröhlich aus dem Unterbewusstsein. Wenn wir dem Muster oder dem Widerstand und dem ursprünglichen Nutzen Raum und evtl. sogar eine neue, angemessene Aufgabe geben, besänftigen wir manche inneren Grummler und eliminieren somit viele Nebengeräusche unserer Intuition.[3]

Das alles zeigt, dass wir es ziemlich gut beherrschen, uns selbst im Weg zu stehen oder gar ein Bein zu stellen. Wir lernen bestimmte Dinge in bestimmten Situationen und diese gelernten Verhaltensweisen haben in diesem Zusammenhang einen Sinn. Ungeschickterweise wendet unser Unterbewusstsein sie so lange an, bis es eine andere Möglichkeit für sinnvoll hält und lernt. Die gute Nachricht dabei ist: Alles, was wir gelernt haben, können wir auch wieder verlernen!

---

[3] Weiterführende Literatur: Friedemann Schulz von Thun: Miteinander Reden 3 – Das „innere Team" und situationsgerechte Kommunikation. Reinbek bei Hamburg: Rowohlt 2001.

*Intuitions-Übung:*

▸ *Lesen Sie sich das Ziel laut vor!*

▸ *Stellen Sie sich vor, wie es wäre, das Ziel schon erreicht zu haben.*

▸ *Malen Sie sich das erreichte Ziel in aller Ausführlichkeit aus, z. B. Gefühle, Körperempfindungen, innere Stimmen, Farben und Formen, mögliche Vorteile oder Belohnungen.*

▸ *Achten Sie genau auf Ihre inneren Reaktionen bei dieser Vorstellung. Jede Reaktion ist in Ordnung, es ist Ihre ganz eigene!*

▸ *Erzeugt die Vorstellung ein gutes Gefühl? Perfekt, dann nix wie los!*

▸ *Erzeugt die Vorstellung ein schlechtes Gefühl? Gehen Sie dem Grummeln auf den Grund. Nehmen Sie das Grummeln wahr und ernst! Warum grummelt es? Was grummelt genau? Ist das Grummeln eine Altlast oder eine Warnung?*

▸ *Überprüfen Sie Ihr Ziel intuitiv und verändern Sie es, wenn Ihre Intuition in den Streik tritt.*

## Schritt 3: Messen Sie Ihren Erfolg

Wenn Sie nach der Verhandlung Ihren Erfolg messen wollen, sollten Sie Ihr Ziel messbar gestalten. Und dazu gehören alle Teile, die in Zahlen und Daten darstellbar sind.

Oft werden Sie gefragt: Was stellen Sie sich denn gehaltlich oder preislich so vor? Vorsicht! Wenn Sie dann eine Spanne, z. B. 40.000 bis 45.000 Euro, angeben, führt das meist dazu, dass Sie höchstens den niedrigen Wert, eher noch weniger, also in diesem Fall vermutlich 38.000 Euro, bekommen. Warum ist das so? Ihr Gegenüber weiß durch die Spanne sofort, wo Ihre Schmerzgrenze liegt. Wenn Sie Ihren Maximalwert als Minimalwert einsetzen, eröffnen Sie sich damit einen gewissen Spielraum. In diesem Beispiel geben Sie 45.000 Euro als Ihre Vorstellung an.

*Geben Sie Ihrem Ziel eine messbare Basis.*

*Setzen Sie Ihren Maximalwert als Minimalwert ein.*

### Definition „messbar"

*„Messbar" bedeutet, Zahlen, Daten und Zeitfaktoren nennen: Wie viel? Wovon? Bis wann? Für welche (Mehr-)Leistung?*

### Dorothea, 33, Steuerberaterin

*Dorothea wollte Partnerin in der Rechtsanwaltskanzlei werden, in der sie angestellt ist. Ihr Ziel lautete: Ich will bis 1. Januar oder 1. Juli Partnerin werden. Wann wäre sie wohl Partnerin geworden? Vermutlich frühestens zum 1. Oktober. Mit der Spanne wollte sie sich vor der Enttäuschung der sofortigen Ablehnung schützen. Sie strahlte damit innere Unklarheit aus. Mit der Formulierung: „Ich bin am 1. Januar Partnerin und mit 18 Prozent am Umsatz beteiligt", strahlte sie Sicherheit aus und konnte dieses Ziel erfolgreich umsetzen.*

Im wirklichen Verhandlungsleben ist es wie im arabischen Basar. Wenn der Händler merkt, dass Sie den Schmuck wirklich gern haben wollen, dann ist es viel schwieriger, den von ihm geforderten Preis herunterzuhandeln, als wenn Sie es schaffen, den Eindruck zu erwecken, der Schmuck interessiere Sie ja gar nicht.

Dieses Beispiel zeigt Ihnen, wie wichtig es ist, dass Sie sich auch mit dem Zeitpunkt der Zielerreichung auseinandersetzen. Wenn bei Ihnen Unsicherheit darüber herrscht, merkt Ihr Gegenüber das möglicherweise und nutzt es aus, weil er weiß, dass für Sie das Erreichen des Ziels auch zu einem späteren Zeitpunkt in Ordnung ist und er damit mehrere Monate Gehaltssteigerung einspart.

> *Messbarkeitsübung:*
> - *Legen Sie Ihren Wert in Zahlen und Daten fest.*
> - *Geben Sie Ihrem Ziel ein Zahlengesicht.*
> - *Stellen Sie sich Ihr Idealzahlenziel bildlich vor.*
> - *Wenn Sie eine Frau oder ein Techniker sind, schlagen Sie mindestens 20 Prozent auf. Wenn Sie eine Technikerin sind, schlagen Sie 30 Prozent auf! Jetzt ist Schluss mit Tiefstapeln!*
> - *Legen Sie Ihre absolute unterste Schmerzgrenze fest. Behalten Sie diese für sich!*
> - *Binden Sie Ihre Zahlenziele wohlformuliert in Ihr Gesamtziel ein.*

## Schritt 4: Ergreifen Sie die Initiative

Kennen Sie diese Aussagen? „Ich kann doch jetzt in der Krise keine Gehaltserhöhung verlangen!" „Wenn ich den Preis verlange, bekomme ich den Auftrag nicht." Warum nicht? So lautet meistens meine Gegenfrage. Gerade jetzt!

Es verlangen viel weniger Menschen mehr Geld. Angst ist ein schlechter Ratgeber! Was soll Ihnen passieren? Haben Sie Angst, auf der Abschussliste zu landen? Nie wieder einen Kunden zu bekommen? Zu verhungern? Ergründen Sie Ihre Ängste – es gibt sicher einen guten Grund für deren Anwesenheit.

Hat der gute Grund etwas mit Ihrem Preis oder mit etwas ganz anderem, z. B. Ihrem Selbstwertgefühl, zu tun? Wenn Sie möchten oder es für nötig erachten, wenden Sie sich an einen Coach. Er unterstützt Sie und Sie sind mit Ihren Ängsten nicht allein. Wenn Sie sich dessen bewusst sind, können Sie damit umgehen und beruhigt die Initiative ergreifen.

## Definition: Initiative

*„Initiativ sein" bedeutet, von sich aus in Aktion zu treten.*

*„Aktion" kann auch bedeuten, dass Sie sich bewerben, damit Ihren Marktwert feststellen und sich mögliche Alternativen schaffen.*

Es ist sehr situationsabhängig, wann Sie persönlich am besten verhandeln. Haben Sie gerade einen guten Auftrag an Land gezogen, einen Reklamationskunden zurückgeholt oder für positive Schlagzeilen gesorgt? Hat Ihr Kunde durch Ihre Leistungen selbst mehr Umsatz gemacht? Dann nichts wie ran an den Chef oder Kunden! Machen Sie Ihren Mehrwert sichtbar! Von allein bekommen Sie nur im Tarifvertrag Erhöhungen.

**Bewerbungstipp**

Bewerben Sie sich auf zwei bis drei Stellen, die Nachteile für Sie haben bzw. zweite bis fünfte Wahl sind: weite Anfahrt, andere Branche, Befristung oder was Ihnen sonst nicht gefällt. Sie werden merken, dass Sie zum einen Übung in Bewerbungssituationen erlangen. Zum anderen hängt Ihr Herz nicht an diesen Bewerbungen und Sie können viel freier agieren. Wenn Sie es dann noch schaffen, das lockere, leichte Gefühl daraus in andere, wichtige Gespräche mitzunehmen, haben Sie schon gewonnen.

Überlegen Sie bitte, bevor Sie den obigen Tipp befolgen, ob Sie an Ihrem jetzigen Arbeitsplatz glücklich sind.

### Christian, 39, Softwareentwickler

*Als ich im Zuge eines Gehaltsverhandlungsworkshops die Idee aufbrachte, den eigenen Marktwert draußen zu testen, sprang Christian auf und rief: „Aber ich hab doch meinen absoluten Traumjob, ich will gar nichts anderes machen oder in ein anderes Unternehmen!"*

Wenn das auch bei Ihnen so ist, ist das völlig in Ordnung. Es wird nur die Verhandlung erschweren, wenn Sie diese Zufriedenheit aus allen Poren ausstrahlen. Dann ist es noch wichtiger, dass Sie Ihre Leistung sichtbar machen und Ihrem Verhandlungsgegenüber einen Mehrwert bieten.

### Initiativ-Übung:

‣ *Seien Sie aktionsorientiert. Kommen Sie in die Gänge!*

‣ *Erkennen Sie einen günstigen Zeitpunkt.*

▸ *Prüfen Sie mögliche Alternativen.*

▸ *Stellen Sie ehrlich Ihre Prioritäten bei Ihrem Job fest.*

▸ *Beschäftigen Sie sich mit Ihrem Mehrwert.*

## Schritt 5: Seien Sie „creativ"

### Definition

*„Kreativ sein" bedeutet, etwas zu entwickeln oder die Perspektive zu wechseln. Die Italiener sagen dazu „l'arte d'arrangiarsi" – die Kunst, sich zu arrangieren bzw. aus nichts etwas zu machen.*

Wenn Ihnen der Kunde oder Chef mit einer Nullrunde oder dem Argument „Mehr Geld geht nicht!" kommt, seien Sie auf der Hut. Wenn Sie sich jetzt damit zufriedengeben oder ohne Gegenleistung herunterhandeln lassen, leidet Ihre Glaubwürdigkeit und Sie zeigen, dass es bei Ihnen grundsätzlich Verhandlungsspielraum nach unten gibt.

Wenn Sie Ihr Gehalt verhandeln und Ihre Vorstellung ist wesentlich höher als die des zukünftigen Chefs, können Sie ihm anbieten: „Die Probezeit arbeite ich zu Ihren Konditionen und danach geht es zu meinen Bedingungen weiter."

### Achtung! Schriftlich fixieren!

Lassen Sie sich auf diesen Deal nur ein, wenn es bereits jetzt im Vertrag schriftlich festgehalten wird. Geben Sie sich nicht mit der Aussage zufrieden: „Dann reden wir nach der Probezeit noch mal darüber." Das funktioniert nicht!

Eine spannende Alternative ergab sich bei der Beratung eines IT-Unternehmens:

### Mittelständisches Unternehmen, 50 Mitarbeiter

*Dieses Unternehmen wollte seinen Mitarbeitern trotz Null-runde wegen finanzieller Nöte einen Mehrwert bieten. Gemeinsam mit der Geschäftsleitung suchte ich nach Mög-lichkeiten mit maximalem Nutzen und minimalen Kosten. Im Erdgeschoss des Gebäudes befand sich ein Fitnessstudio. Gesehen, gefunden! Wir vereinbarten mit dem Studio eine Unternehmensmitgliedschaft. Der zusätzliche Clou: Es war erlaubt, bis zu einer Stunde Sport zu treiben – als Pause während der Arbeitszeit. Damit sparte das Unternehmen die Lohnnebenkosten und die Mitarbeiter gewannen eine für sie kostenneutrale Mitgliedschaft in einem Sportstudio sowie Zeit, da sie ohne Fahrtweg Sport treiben konnten.*

Dieses Beispiel zeigt, dass es Unternehmen gibt, die am Wohl ihrer Mitarbeiter interessiert sind und dabei durchaus offen für kreative Ideen sind. Also werden Sie kreativ! Bieten Sie Ihrem Verhandlungsgegenüber kreative Mög-lichkeiten Ihrer Entlohnung an. Bei Angestellten helfen hier vor allem Alternativen, die keine Lohnnebenkosten verur-sachen.

### „Creativ"-Übung 1: „Was wäre, wenn ..."

*Ich gehe mit Ihnen auf eine „Creativ" Reise.*

*Wenn Sie heute Abend ins Bett gehen, kommt, während Sie schlafen, die „Creativ"-Fee vorbei und erfüllt Ihnen alle Ihre Zielwünsche, auch die, von denen bis jetzt nur Ihr Un-terbewusstsein etwas weiß. Am nächsten Morgen wissen Sie nichts von Ihrem Glück, denn Ihre Wünsche haben sich ja im Schlaf erfüllt.*

> ▸ *Woran würden Sie merken, dass Ihre Ziele erfüllt sind?*
>
> ▸ *Wie sähe Ihr Job aus?*
>
> ▸ *Wie würden die Kollegen und Chefs reagieren?*
>
> ▸ *Wie sieht Ihr Arbeitstag aus?*
>
> ▸ *Wie fühlen Sie sich während und nach der Arbeit?*
>
> *Schreiben Sie auf, was genau sich verändert hat und wie es sich anfühlt.*

Und weil's so schön war, strukturieren wir die ganze „Creativ"-Kiste noch mal.

> ### „Creativ"-Übung 2
>
> ▸ *Legen Sie eine Liste an mit möglichen Mehrwerten. Lassen Sie dabei Ihrer Fantasie freien Lauf!*
>
> ▸ *Seien Sie noch einmal kreativ. Welche weiteren Alternativen gibt es?*
>
> ▸ *Wechseln Sie die Perspektive. Versetzen Sie sich in die Position Ihres Chefs oder Ihres Kunden.*
>
> ▸ *Bitten Sie Freunde, Ihnen beim Ideensammeln zu helfen. Und sammeln Sie erst einmal alles, bevor Sie bewerten.*

## Schritt 6: Nehmen Sie die Herausforderung an

> *Kennst du das? Du hast einen Berg vor dir, den du erklimmen musst. Aber er ist hoch und steil und du weißt nicht: Kannst du es schaffen?*
>
> *Doch du nimmst all deinen Mut, fängst an zu klettern, gelangst bis ans Ende deiner Kräfte, doch dann hast du es geschafft.*

> *Du hast den Berg erklommen.*
> *Du freust dich, bist glücklich und stolz, schaust auf – und*
> *siehst, dass du noch ein ganzes Gebirge vor dir hast.*
> *Aber jetzt weißt du: Du kannst es schaffen!*
>
> *Thorge Lorenzen*

Stapeln Sie gerne tief? Womöglich noch, ohne es selbst zu merken? Dann ist jetzt der Zeitpunkt zu entscheiden, ob Sie das weiter wollen oder einen anderen Weg gehen.

### Felicitas, 23, Informatikstudentin

*Felicitas bewarb sich auf einen Studentenjob, bei dem es, wie sie im Gespräch erfuhr, um Netzwerkinstallation und -betreuung ging. Wohl wissend, dass ihr Können und Wissen in diesem Bereich durchaus ausbaufähig ist, nahm sie den Job an. Klarer Fall von Selbstüberschätzung? Nein, denn sie hatte einige Kommilitonen, die ihr zu jeder Tages- und Nachtzeit helfend zur Seite stehen würden. Dieses Wissen genügte ihr, um die Herausforderung anzunehmen.*

Dieses Beispiel zeigt, dass ein Sprung ins kalte Wasser den Wissens- und Erfahrungshorizont wesentlich erweitert. Wenn Sie einmal eine aus Ihrer Perspektive unlösbare Aufgabe gemeistert haben, können Sie diesen Erfolg als Ich-schaff-das-Gefühl bewahren. Erinnern Sie sich bei neuen Herausforderungen daran und finden Sie einen positiven Einstieg.

## Erstgebotstipp

Steigen Sie Ihren Leistungen entsprechend ein. Ein zu niedrig ausgehandeltes Anfangsgehalt oder -honorar holen Sie nie wieder auf. Die Nummer: „Jetzt hab ich den Job oder den Auftrag erst mal und dann sehen die schon, was ich kann, und geben mir freiwillig mehr Geld", klappt in den seltensten Fällen. Stellen Sie im Zweifel klar, dass das ein Schnupperangebot ist und wie Ihr Gehalt oder Honorar danach aussieht. Am besten schriftlich!

### Üben Sie sich in Herausforderungen.

▸ Ist Ihr Ziel herausfordernd? Wenn nein, dann legen Sie die Latte ruhig noch eine oder mehr Nummern höher!

▸ Stellen Sie fest, was Ihnen schlimmstenfalls bei einem Misserfolg passieren kann! Meistens ist das halb so wild!

▸ Listen Sie auf, was geschehen ist, wenn Sie Ihre Ziele in der Vergangenheit erreicht haben.

▸ Genießen Sie dieses tolle Gefühl, das Sie hatten, als Sie ein Ziel erfolgreich erreicht haben.

▸ Malen Sie sich Ihre nächste erreichte Zielherausforderung in allen Farben, Bildern und schönen Gefühlen aus.

| Checkliste: Ihre Erfolgsfaktoren | |
|---|---|
| ▸ Ist Ihr Ziel konkret? | |
| ▸ Haben Sie Ihre Intuition befragt? | |
| ▸ Lässt sich Ihr Ziel in Wert und Zeitpunkt messen? | |
| ▸ Haben Sie Initiative gezeigt? | |
| ▸ Haben Sie alle „Creativ"-Möglichkeiten ausge-schöpft? | |
| ▸ Ist Ihr Ziel herausfordernd? | |
| **Achten Sie auf die Unwörter** | |
| ▸ Ist Ihr Ziel positiv formuliert? | |
| ▸ Haben Sie Verallgemeinerungen durch „ich" ersetzt? | |
| ▸ Sind alle Unwörter aus Ihrem Ziel gestrichen? | |
| ▸ Sind alle Konjunktive ersetzt? | |
| ▸ Haben Sie alle passiven Verben durch aktive er-setzt? | |
| ▸ Versuchen Sie es noch oder setzen Sie schon um? | |
| ▸ Platzieren Sie Ihr Ziel an einem Ort, an dem Sie es täglich mehrmals lesen, am besten laut! ▸ Ein kleiner Pappzettel an der Wand, 20-mal am Tag gelesen, hat eine große Wirkung. Durch Ihren konkreten Vorsatz schließen Sie einen verpflichtenden Vertrag mit sich selbst. Jetzt setzen Sie einen Fuß vor den anderen – linker Fuß, rechter Fuß, linker Fuß … – und Sie werden Ihr Ziel erreichen. | |

# Kommunikation gekonnt entschlüsseln

„Man kann nicht nicht kommunizieren", hat Paul Watzlawick, der Kommunikationsexperte, festgestellt. Recht hat er! Egal, was wir tun und sagen oder nicht: Wir treffen so oder so immer eine Aussage. Denken Sie an die letzte Situation, in der Sie mit jemandem nicht reden wollten … Hat das Nicht-Wollen geholfen? Nein? Genau, wir kommunizieren immer!

## Definition: Kommunikation

*Kommunikation ist ein Prozess, bei dem Informationen oder eine Botschaft von einem Sender zu einem Empfänger übermittelt werden. Gibt der Empfänger ein Feedback (Rückmeldung) darüber, wie die Information oder die Botschaft bei ihm angekommen ist, spricht man von „wechselseitiger Kommunikation".*

Wir diskutieren, monologisieren, kommentieren, definieren, deklarieren, signalisieren, harmonieren, dekodieren und interpretieren, was das Zeug hält. Mir wird bei den ganzen Begriffen schon ganz schwindelig. Zusätzlich geschieht das Ganze noch auf vier verschiedenen Ebenen. Wer, bitte schön, soll sich da noch auskennen? Na, Sie natürlich! Einatmen – Ausatmen … Gemeinsam schaffen wir es! Wir arbeiten uns von der Sachebene, die immerhin schlappe sieben Prozent der Kommunikation ausmacht, zur Beziehungsebene vor. Dort geht's im wahrsten Sinne des Wortes ab, und zwar vorwärts, rückwärts, seitwärts und in alle anderen möglichen und unmöglichen Richtungen.

Danach beschäftigen wir uns mit den formellen und infor- mellen Geschäftsordnungen und unserem Unterbewusst- sein, das leider – wie im Ziele-Kapitel schon angedeutet – ausgezeichnet darin ist, uns ein Bein zu stellen, wenn wir das gerade am wenigsten brauchen. Zum Abschluss brin- gen wir die Kommunikationsebenen mit Ihrer nächsten Geldverhandlung in Verbindung. Dabei finden wir heraus, wie Sie aus jeder Ebene das Beste für Ihre Zielerreichung herausholen. Doch zunächst ein kleiner Exkurs.

## Exkurs: Hemisphären – links- oder rechtslastig?

Was ist das überhaupt, eine Hemisphäre?

Die Hälften unseres Hirns werden auch als „Hemisphären" bezeichnet. Wir haben eine linke und eine rechte. Die gän- gige Literatur zum Thema „Kommunikation zwischen Mann und Frau" beschäftigt sich ausgiebig damit und behauptet oft, alle Frauen seien „rechtshirnig" und alle Männer „linkshirnig". Das ist natürlich sehr pauschalisie- rend. In Wirklichkeit sind diese angeblichen Unterschiede keineswegs so groß und bedeutend: Schließlich haben alle Menschen zwei Hirnhälften und jedes Individuum setzt sie unterschiedlich ein.

Mit manchen Menschen verstehen Sie sich auf den ersten Blick, mit anderen auch nach mehreren Begegnungen nicht. Das kann von guter oder schlechter Tagesform ab- hängen, es kann aber auch an der Hemisphärendominanz liegen. Manche Gesprächspartner zeigen sich sehr gefühls- bestimmt, andere eher verstandesorientiert. Um einen

guten Kontakt zu Ihrem Verhandlungsgegenüber herzu-
stellen, ist es wichtig, dass Sie möglichst schnell erkennen,
welche Hirnhälfte im Moment oder generell bei ihm über-
wiegt.

Natürlicherweise treten gefühlsbestimmtes und verstan-
desorientiertes Verhalten in einer Mischung aus beiden
Anteilen auf. Das Erkennen der momentanen Vorrangigkeit
kann Ihnen in der Kommunikation mit dem jeweiligen
Menschen sehr helfen. In den beiden folgenden Tabellen
erhalten Sie konkrete Hinweise zur Erkennung der Hemisphärendominanz.

| Das Denken in den Hemisphären | |
| --- | --- |
| Links: diskursives Denken – Sachebene | Rechts: intuitives Denken – Beziehungsebene |
| analytisch | ganzheitlich |
| Detailwissen | Überblick |
| Wissenschaft | Kunst, Musik, Tanz |
| sprachlich | bildlich |
| Denken | Vorstellung |
| abstrakt | emotional |
| zeitlich | räumlich |
| kausal | kreativ |
| verbal | nonverbal |
| Einzelkämpfer | Teamplayer |

| Merkmale des jeweiligen Verhaltens | |
| --- | --- |
| Diskursiv (linke Hemisphäre) | Intuitiv (rechte Hemisphäre) |
| wenig Körpersprache | lebhafte Körpersprache |
| Formuliert in knappen Sätzen mit sorgfältiger Wortwahl | lange Sätze mit Betonungsschwankungen |
| Kommt ohne Umschweife zum Punkt | ausführliche Erlebnisschilderungen |
| Definiert, fasst zusammen, bleibt bei den Fakten | starkes Bemühen um positive, wohlwollende Stimmung |
| Kontrolliert, argumentiert vernünftig | Probiert, spielt, ist neugierig |

Haben Sie jemanden wieder erkannt? In welcher Hirnhälfte fühlen Sie sich zu Hause?

Nun zu den Kommunikationsebenen …

# Die Inhaltsebene – Fakten, Fakten, Fakten

Hier geht es im wahrsten Sinne des Wortes zur Sache. Fakten sind z. B. Projekte, Aufgabenverteilungen, Termine, vorgegebene Rollen usw. Dazu gehören außerdem Ihre

Fakten: Ihr Ziel, das Sie im vorigen Kapitel erarbeitet haben, zumindest die konkreten und messbaren Teile dieses Ziels.

Auf der Verstandesebene sind objektiv überprüfbare Tatsachen und rationale Inhalte zu Hause. Die Experten streiten sich, wie viel Einfluss die Fakten auf den Ausgang einer Kommunikation haben: Die Meinungen liegen zwischen sieben und 15 Prozent. Ich meine, es kommt dabei außerdem sehr auf das Kommunikationsgegenüber an. Lesen Sie im Kapitel über Verhandlungstypen, wie Sie bei Max und Maxima zum Beispiel auf der Sachebene Ihrem Ziel erheblich näher kommen.

# Die Beziehungsebene: Lass uns Freunde sein!

Auf der Beziehungsebene geht es auch zur Sache, allerdings ganz anders!

## Telefonjoker: „Ich war's nicht."

*Ich rief einmal voller Enthusiasmus bei einem Kunden an, um nach dem Stand der Dinge für unser Trainingsprojekt zu fragen. Er meldete sich in sehr harschem Ton: „Meier!" Ui, dachte ich, schlechter Zeitpunkt! Mein Mund war schneller als mein Hirn und sagte: „Ich war's nicht!" Prompt lachte mein Gesprächspartner und erwiderte: „Das weiß ich doch, ich hole mir jetzt einen Kaffee, ruf Sie zurück und wir reden über unser Projekt." Inzwischen ist dieses: „Ich war's nicht!" zu einem verbindenden geflügelten Einstiegswort unserer Kommunikation geworden und wir lachen immer wieder gerne darüber.*

Wie das Beispiel zeigt, hat die Beziehungsebene wenig mit der Sache zu tun, obwohl die Sache oft als Argument vorgeschoben wird. Das macht es nicht leichter, mit der Beziehungsebene richtig umzugehen. Hier wohnen die Gefühle, die Einstellungen, Bewertungen – einfach alles Zwischenmenschliche. Das ist eine große und ziemlich unberechenbare Menge. Sympathie, Antipathie, sogar das Wetter und die Jahreszeit sind hier zu finden. Das Wetter? Ja, bei Sonnenschein verhandelt es sich leichter als bei Niesel- oder Dauerregen. Im Mai ist es besser als im November und der Lichtgehalt hat auch noch seinen Anteil. Wenn Sie also den Zeitpunkt der Verhandlung beeinflussen können, tun Sie dies. Wer steht wie und warum zu wem? Das ist auf dieser Ebene die alles entscheidende Frage. Ihre eigenen Gefühle sind genauso ausschlaggebend wie die Ihres Gegenübers. Und wenn es auf dieser Ebene bei einer der verhandelnden Seiten nicht stimmt, kann es sehr schwierig werden.

## Die Geschäftsordnung – mal formell, mal informell

Betrachten wir die Geschäftsordnung. Die kann es Ihnen leicht und auch schwer machen. Die formale Geschäftsordnung ist der einfache Teil. Dazu gehören z. B. Tarifverträge, Betriebsvereinbarungen, offizielle Prozessregeln, Entscheidungsverfahren und Weisungsbefugnisse. Die Inhalte sind im Allgemeinen irgendwo nachzulesen, meist im Intranet, manchmal auch im Internet. Übrigens ist es auch noch wichtig, zu welcher Branche das Unternehmen gehört, denn daran erkennen Sie, welche Gewerkschaft für den Tarifvertrag zuständig ist. Ich bin immer wieder erstaunt, wie wenige Menschen diese Informationsquellen nutzen und wie viele sich hinterher beschweren, dass sie das nicht gewusst hätten. Es ist wichtig, alle formalen und rechtlichen Rahmenbedingungen zu kennen. Noch wichtiger ist es abzuwägen, welche Konsequenzen der Einsatz dieses Wissens haben könnte.

### Beharren auf der Schulordnung

*In der achten Klasse schrieben wir kurz vor dem Halbjahreszeugnis noch einige Klausuren. Alle Lehrer mussten zusätzlich noch jede Menge mündliche Noten für das Zeugnis beisteuern und wollten das der Einfachheit halber mit schriftlichen Kurztests für die ganze Klasse tun. Ich kannte die Schulordnung, in der steht, dass am Tag einer Klausur keine Kurzarbeit geschrieben werden darf, und habe damit meine Klasse vor einigen schlechten Noten gerettet. Mündliches Abfragen war aber erlaubt, also war mir die Konsequenz klar. Wer die Klappe wegen der verbotenen Kurzarbeit aufreißt, wird natürlich sofort mündlich abgefragt. Ich machte aus der Not eine Tugend und lernte dafür, so rettete ich die Klasse und heimste gleichzeitig gute Noten ein.*

Dieses Beispiel zeigt, dass es durchaus hilfreich sein kann, wenn Sie sich mit der Geschäftsordnung und den Konsequenzen auskennen. Ich habe schon oft Seminare gegeben, in denen bereits in der Vorstellung mehrmals folgender Satz fiel: „Ich werde nach Tarifvertrag bezahlt, da kann ich eh nichts machen!" Auf meine Frage, wer den Tarifvertrag schon mal gelesen habe, erntete ich dann meist betretenes Schweigen und gesenkte Blicke. Jeder hat ein Recht, den Tarifvertrag einzusehen, und in jedem Vertrag gibt es mindestens eine Sondervergütungsklausel. Darüber hinaus gibt es bei jedem Gehaltsband ein unteres und ein oberes Ende. Es gibt auch im Tarifvertrag immer einen, der mehr verdient als alle anderen. Warum sind das nicht Sie?

Die formelle Geschäftsordnung wird durch die informelle ergänzt. Was genau können wir uns unter einer informellen Geschäftsordnung vorstellen?

### Petra, 24, Diplomandin

*Petra hat für ein Technologie-Unternehmen auf einer zehntägigen Messe gearbeitet. Dazu brauchte sie natürlich jede Menge Kombinationsmöglichkeiten an Kleidung und hat alle Farben ihres Kleiderschranks mitgenommen. Als sie am ersten Tag in Rot kam, schauten einige irritiert. Am zweiten Tag wählte Petra Türkis, da schauten sie noch irritierter. Sie fragte jemanden nach dem Grund. Ein Kollege erklärte ihr, dass bei diesem Unternehmen eher gedeckte Farben angesagt seien. Super, dachte sie, und dabei gleichzeitig: Was soll's, ich kriege es eh nicht anders hin! Wissen Sie, was passierte? Ab dem dritten Tag kamen einige ein bisschen bunter und der ganze Stand war gleich viel fröhlicher!*

Die informelle Geschäftsordnung besteht aus ungeschriebenen Gesetzen, die es überall gibt. Wer geht mit wem zum Mittagessen? Wer erzählt wem was zuerst? Wer ist wann am besten drauf? Wie wird der Umgang in der Kaffeeküche gehandhabt? Wer ist wie zu nehmen? Auch unternehmensinterne Abkürzungen sind hier ein wichtiger Punkt und können bei Nichtwissen zu großen Stolpersteinen werden. Und dazu kommen noch alle weiteren individuellen kleinen Eigenheiten und Abmachungen, nicht selten unausgesprochen …

### Andrea, 36, Vertriebscoach

*Bei einem von Andreas langjährigen, großen und wichtigen Kunden wurde ein neuer Vertriebsleiter eingestellt. Die Entscheidung über weitere Vertriebscoachings wurde bis zu seinem Antritt zurückgestellt. Am Tag X kam Andrea und ging wie immer in die Kaffeeküche, um ihren Latte macchiato zu holen. Dazu griff sie sich die nächstbeste große Tasse, ließ sie von der Hightech-Maschine füllen und gab das gewohnte Stück Zucker hinein. Als sie sich umdrehte, um in den Besprechungsraum zu eilen, blickte sie in zwei stahlblaue, ärgerlich blickende Augen. Sie wusste augenblicklich: Das ist der Neue und sie hatte seine Tasse in der Hand. Großer Fehler! Schlagfertig lächelte sie ihn an: „Ich habe Ihnen schon mal Kaffee gemacht. Sie mögen doch Latte macchiato mit einem Stück Zucker?"*

In diesem Beispiel ist Andrea geradewegs in eine Falle der informellen Geschäftsordnung getappt. Sie hatte zwar die informelle Regel, dass sich jeder seinen Kaffee selbst in die Besprechung mitbringt, schon verinnerlicht, allein die Wahl der Tasse hätte ihr fast das Genick gebrochen. Der Verkaufsleiter hat inzwischen zweimal das Unternehmen gewechselt, sie arbeitet immer noch mit ihm zusammen. Der Latte ist der Running Gag der beiden geblieben. Hier hat die Spontanrettung auf der informellen Geschäftsordnungsebene das Fundament für eine langjährige Zusammenarbeit gelegt.

Nutzen Sie solche Momente. Sie sind Gold wert. Sie können Ihnen das Leben und das Verhandeln erleichtern. Sprechen Sie mit den Menschen, trauen Sie sich zu fragen, wenn Ihnen etwas seltsam oder unbekannt vorkommt, und beobachten Sie ausgiebig, was die Menschen in Ihrer Umgebung zu welchem Anlass tun.

## Ihr Unterbewusstsein meldet sich zu Wort

Unsere Wahrnehmung nimmt von den ununterbrochen auf uns einströmenden Eindrücken und Informationen nur zehn bis 20 Prozent bewusst auf. 80 bis 90 Prozent werden unterbewusst abgespeichert und verarbeitet. Ein gewaltiger Unterschied, nicht wahr? Das hat schon seinen Sinn. Denn stellen Sie sich vor, wir müssten nach Jahren der Praxis zum Beispiel beim Autofahren immer noch so viel denken wie ganz am Anfang, als wir es gelernt haben. Dann wäre es viel schwerer, oder?

Wir können uns in vieler Hinsicht sehr gut auf unser Unterbewusstsein verlassen. In manch anderer Hinsicht schlägt uns unser „Innenleben" allerdings gelegentlich oder auch öfter ein Schnippchen. Denn unser Unterbewusstsein vergisst nichts, gar nichts! Und es weiß oft nicht, ob ein erlerntes Verhalten noch zeitgemäß ist – oder eben nicht mehr. Selbst wenn wir bewusst entschieden haben, dass ein Muster oder Glaubenssatz (s. S. 22ff.) nicht mehr passt, dauert es eine ganze Weile, bis wir das Gelernte verlernt haben. Und glücklicherweise können wir alles wieder verlernen, sobald wir es uns bewusst gemacht haben. Man sagt, wenn wir etwas mindestens 21-mal in gleichem, sich wiederholendem Rhythmus in unseren Alltag einbauen, dann wird daraus Gewohnheit. Also nichts wie los!

Die gute Nachricht ist: Unser Unterbewusstsein will uns nur beschützen. Manchmal schlägt es dabei ein bisschen über die Stränge oder stellt uns das eine oder andere Bein. Wir projizieren Erfahrungen aus früheren Erlebnissen unbewusst auf die anstehende Situation, und das auch noch innerhalb von Sekundenbruchteilen.

Ich hatte einmal in einem Workshop eine Teilnehmerin, die wie meine Tante sprach und ihr auch noch ähnlich sah. Nun mag ich meine Tante gar nicht! Als ich diesen Zusammenhang festgestellt hatte, habe ich die Teilnehmerin in der nächsten Pause gewissermaßen vorsorglich darauf hingewiesen: „Falls ich Sie unvermittelt anpflaumen sollte: Ich meine gar nicht Sie! Ich meine dann meine Tante, der Sie erstaunlich ähnlich sind!" Das war gut so: Am Nachmittag sagte sie etwas, während ich mit einer anderen Teilnehmerin beschäftigt war, und da ich sie gerade nicht in meinem direkten Blickfeld hatte, fuhr ich herum und raunzte sie an. Durch die vorausgegangene Vorwarnung aber konnten wir beide darüber lachen.

# Kommunikationsebenen für Ihre Verhandlung einsetzen

Jetzt wissen Sie genau, worum es auf welcher Ebene geht. Der Rest ist ein Kinderspiel: Einfach auf Ihre persönliche Verhandlung übertragen und schon geht's los! Alles klar? Nicht? O. k., dann schauen wir gemeinsam, was Sie auf welcher Ebene auf welche Weise einsetzen können.

| Ihr persönlicher Ebenen-Check in zwei Stufen | |
|---|---|
| Beantworten Sie sich folgende Fragen zu den Ebenen Sache, Beziehung, Geschäftsordnung und Unterbewusstsein:<br>▸ Auf welcher Ebene fühle ich mich am meisten zu Hause?<br>▸ Auf welcher Ebene finde ich mich am zweitbesten zurecht?<br>▸ Mit welcher Ebene kann ich nur schlecht umgehen? | ✓ |
| Werfen Sie nun einen Blick auf die Situation Geldverhandlung:<br>▸ Was ist jetzt Ihre Lieblingsebene?<br>▸ Hat sich etwas geändert?<br>Wahrscheinlich werden Sie sich am besten mit den Verhandlungspartnern verstehen, die Ihre Lieblingsebenen mit Ihnen teilen. | |

## Inhaltsebene

Auf der Sachebene liegt vor allem Ihre Vorbereitung: Ihr Ziel, Ihre Leistungen, Ihre Erfolge und das Beschäftigen mit Ihrem Gegenüber. Sie haben im vorigen Kapitel Ihr Ziel wohlformuliert aufgeschrieben und Ihre Leistungen und Erfolge sind Ihnen so präsent wie nur irgend möglich.

**Werben Sie für sich!**

Bitte gehen Sie Ihre Leistungen und Erfolge noch einmal durch und überprüfen Sie sie auf Werbungstauglichkeit. Werben Sie für sich. Das hat nichts mit Dampfplauderei und Aufschneideritis zu tun. Tue Gutes und rede darüber, und zwar ganz auf der Sachebene.

Die Sachebene macht nur sieben Prozent Ihres Verhandlungserfolgs aus. Dennoch kann es Ihnen das Genick brechen, wenn Sie auf dieser Ebene nicht vorbereitet sind. Sie ist das Fundament Ihrer Verhandlung.

**Argumente auf der Sachebene richtig einsetzen**

Sie sind sehr gut vorbereitet und haben ganz viele Argumente in der Tasche, die eindeutig für Sie sprechen. Vorsicht! Sie können eine Verhandlung auch totargumentieren: Wie viele Argumente brauchen Sie für den Erfolg? Drei, fünf oder zwölf? Ich sage es Ihnen: Ein gutes Argument reicht!

▸ Setzen Sie Ihre Argumente sparsam ein.

▸ Beobachten Sie auf der Beziehungsebene, wann Sie das richtige Argument platziert haben bzw. wann die Argumente ausreichen.

Stoppen Sie Ihre Argumentation, wenn Sie Ihr Ziel erreicht haben. Heben Sie sich die restlichen Argumente für die nächste Verhandlung auf.

Was tun, wenn Sie auf einen Verhandlungspartner treffen, der sehr auf der Sachebene zu Hause ist? Linkshirner können sich schwer auf der Beziehungsebene bewegen und bleiben am liebsten bei den Fakten. Tun Sie sich und dem Linkshirner den Gefallen und bewegen Sie sich in diesem Fall bevorzugt auf der Sachebene.

## Beziehungsebene

Hier können Sie jede Menge an- oder ausrichten. Den ersten Einstieg auf dieser Ebene schaffen Sie am besten mit Small Talk. Stellen Sie eine angenehme Atmosphäre her und bereiten Sie so den Boden für Ihren Verhandlungserfolg. Folgende Übung hilft Ihnen, sich auch auf dieser Ebene vorzubereiten.

### Beziehung als Gewinnfaktor

*Stellen Sie sich folgende Fragen – auch wenn Sie Ihr Verhandlungsgegenüber noch nicht kennen:*

▸ *Wie stehe ich zu dieser Person?*

▸ *Wie ist die Beziehung des anderen zu mir?*

▸ *Passen unsere Sichtweisen/Empfindungen zusammen?*

▸ *Wo gibt es Unterschiede?*

▸ *Wo kommen diese Unterschiede her?*

▸ *Was kann und will ich daran wie ändern?*

▸ *Wo gibt es Übereinstimmungen?*

▸ *Wie kann ich sie nutzen, um mein Ziel zu erreichen?*

*Gehen Sie bei Menschen, die Ihnen unbekannt sind, im Nachhinein die Fragen noch einmal durch, das schult für die automatische innere Beantwortung bei zukünftigen Unbekannten.*

Kleiner Tipp am Rande: Sie dürfen sich beim „Erschnüffeln" dieser Antworten helfen lassen, von Freunden, Kollegen oder von professioneller Seite. Der Einsatz von Fragen zur Informationsermittlung ist auch hier, wie immer, erlaubt und nützlich, um Unbekanntes direkt vom Verhandlungspartner zu erfahren.

## *Geschäftsordnung*

Lesen Sie alles Relevante bezüglich Ihrer Geldverhandlung, was Sie in die Finger und auf den Bildschirm bekommen können. Beschaffen Sie sich alle Informationen, auch die, die Ihnen unerreichbar scheinen. Beschäftigen Sie sich ausgiebig mit den Konsequenzen, die dieses Wissen für Sie haben kann. Der Clou daran ist die richtige Anwendung der formalen Geschäftsordnung. Wenn Sie noch mal an das Schulbeispiel denken: Das pure Wissen hätte vermutlich meine Mitschüler gerettet. Mir hätte es allerdings ziemlich sicher eine schlechte Note eingetragen. Also:

▸ Finden Sie heraus, welche Regeln wo geschrieben stehen.

▸ Beschäftigen Sie sich mit den Konsequenzen.

▸ Setzen Sie Ihr Wissen um diese Regeln zur richtigen Zeit am richtigen Ort ein.

▸ Machen Sie aus der Not eine Tugend. Nutzen Sie Ihre Antwort zu den Konsequenzen für Ihren persönlichen Verhandlungserfolg.

Bei der informellen Geschäftsordnung kommt Ihre Beobachtungsgabe zum Tragen. Schauen Sie, wer zuerst in den Raum kommt. Wer hat mit wem Blickkontakt? Wer überlässt wem sprachlich den Vortritt? Ein wichtiger Punkt ist z. B., wer mit wem mittagessen geht.

### Lilly, 29, Fitnesstrainerin

*Lilly arbeitete auf freier Basis in einem Fitnessstudio. Dort hatte sie verschiedene Verdienstmöglichkeiten: Rezeptions-schicht, Trainerschicht, neue Mitglieder an den Geräten einweisen und einen persönlichen Trainingsplan erstellen, Kurse geben und Personal Training. Die Rezeptions- und die Trainerschicht waren am niedrigsten bezahlt, also konzen-trierte sie sich auf die anderen Möglichkeiten. Neben ihrer fest eingetragenen Rezeptionsschicht sprang sie in den ers-ten acht Monaten sehr oft für andere ein und zeigte damit Engagement. Dieser Einsatz wurde belohnt: Lilly wurde sehr schnell von den „alten Hasen" akzeptiert. Jetzt ist sie die erste Adresse, wenn jemand Kurse oder Personal Trainings abzugeben hat.*

Dieses Beispiel zeigt uns, dass nicht nur Kenntnis und An-wendung der informellen Regeln wichtig sind. Auf dieser Ebene zahlt es sich meist auch aus, wenn Sie in Vorleistung gehen. Wenn eine Preisverhandlung in einen Preiskampf ausartet, ist mein Lieblingssatz: „Wissen Sie, was? Wir machen die ersten zwei Tage zu Ihrem Preis. Danach arbei-ten wir zu meinem Preis zusammen!" Das funktioniert sehr gut, bis jetzt sind alle Kunden geblieben, mit denen ich diesen Deal hatte. Dabei ist es sehr wichtig, dass Sie Si-cherheit ausstrahlen. Wenn ich das sage, weiß ich genau, dass mein Kunde so zufrieden ist, dass er nach der Erfah-rung dieser ersten zwei Tage mit mir weiterarbeiten will. Zu meinem Preis!

## Gehaltsverhandlung in Großkonzernen

Sie sind in einem Großkonzern beschäftigt? Dann beachten Sie bitte, dass die Gehaltsverhandlung dort meist „nur" eine Verkündung ist. Zum einen sind die Prozente der Erhöhung oft mit der Gewerkschaft abgesprochen und somit fix im Tarifvertrag. Zum anderen gibt es drei Schritte, die Sie am besten stetig wiederholen, falls Sie doch etwas herausholen möchten:

▸ Leisten Sie Außergewöhnliches und sorgen Sie dafür, dass Ihre Leistungen überdurchschnittlich sind.

▸ Seien Sie präsent und sichtbar.

▸ Fordern Sie immer wieder und wieder Anerkennung für Ihre Leistungen in Form von Gehaltserhöhungen.

Bei Großkonzernen ist es im bestehenden Arbeitsverhältnis schwierig, große Sprünge zu machen. Deswegen ist Ihr Einstiegsgehalt in diesem Fall noch wichtiger! Sie kommen sonst nie wieder weg davon, zumindest nicht im gleichen Konzern. Eine Möglichkeit gibt es: Wechseln Sie den Bereich und führen Sie dort eine neue Verhandlung.

## *Unterbewusstsein*

Wie vorher beschrieben, nimmt Ihr Unterbewusstsein eine Vielzahl von Dingen auf, die nicht sichtbar durch Ihr Hirn rattern. Kennen Sie das, wenn irgendetwas komisch ist und Sie können es nicht benennen? Sehen Sie im folgenden Beispiel, wie es Paul ergangen ist.

## Paul, 32, freier Marketingmitarbeiter

*Paul erzählte Folgendes: „Ich habe die Schwester meines ehemaligen Chefs getroffen und die hat mir einen dicken Marketingauftrag in Aussicht gestellt. Dafür müssen wir jetzt dringend eine Preisstrategie aufstellen." Das taten wir dann gemeinsam in der nächsten Coachingsitzung und berücksichtigten dabei mehrere Möglichkeiten, z. B. neben dem normalen Stundensatz Rabatt durch einen Rahmenvertrag über eine längere Zeit oder Projektpauschalpreise für einzelne Events. Während der gesamten Preisplanung hatte ich das Gefühl, dass Paul irgendetwas nicht aussprach. Er erzählte, dass er ein ungutes Gefühl habe. Er habe bereits in seinem früheren Jobleben mitbekommen, dass Zuverlässigkeit und Entscheidungsfreude nicht zu den Haupteigenschaften seiner zukünftigen Kundin zählten. Und er wisse nicht, ob er sich wirklich auf den Auftrag einlassen solle.*

*Die Zwickmühle, in der er sich befand, hatte mit seinem Sicherheitsbedürfnis zu tun. Er wollte so gerne eine feste Größe, die monatlich auf seinem Konto einging. Gleichzeitig hatte er Angst, zu viel zu investieren, wenn dabei nichts herauskommt. Er beschloss, große Vorsicht walten zu lassen und das Ganze erst mal langsam anzugehen. Tatsächlich stellte sich nach anfänglicher Begeisterung der Auftraggeberin drei Wochen später heraus, dass diese am liebsten hohe Qualität für einen Dumpingpreis wollte. Paul stellte noch einmal klar, zu welchem Preis er welche Leistung bringt. Der Auftrag wurde nichts, dafür hatte er jetzt wieder Kapazitäten, um sich um neue Aufträge zu kümmern.*

Das zeigt uns, dass es wichtig ist, auf den Bauch zu hören. Gleich noch ein Beispiel dazu:

## Uwe, 56, Personalberater

*Uwe hatte bei einem Auftragnehmer, der ihm empfohlen wurde, von Anfang an ein ungutes Gefühl. Der Auftragnehmer bekam durch die Vermittlung von Uwe und seinem Mittelsmann einen Auftrag bei einem großen Konzern über eine beachtliche Summe. Er wollte aber die Provision, die bei Erhalt des Auftrags fällig war, nicht bezahlen. Diese Geschichte ging bis vor Gericht und endete dort glücklicherweise positiv für Uwe. Er ist jetzt vorsichtiger, hört mehr auf sein Gefühl und vereinbart mehr schriftlich.*

Wenn Sie ein komisches Gefühl haben, hat das oft einen guten Grund. Ob dieser Grund noch zeitgemäß ist, das gilt es herauszufinden. Vertrauen Sie Ihrer Intuition. Und überprüfen Sie vor der nächsten Verhandlung, ob es zeitgemäße Einwände sind, die Ihr Unterbewusstsein vorbringt, oder ob Sie sich neu entscheiden können.

## Ihr Unterbewusstsein – Hilfe oder Hindernis?

▸ *Setzen Sie als Erstes das Gefühlsgrummeln in Text um.*

▸ *Welches Bedürfnis steckt dahinter?*

▸ *Ist die Erfüllung des evtl. Bedürfnisses es wert, Ihr Gefühlsgrummeln zu übergehen?*

▸ *Beruht Ihr Grummeln vielleicht auf einem alten Glaubenssatz, der nicht mehr zeitgemäß ist?*

▸ *Überlegen Sie auch, ob Sie nicht schon tief in Ihrem Inneren eine Entscheidung getroffen haben, die Sie bewusst noch gar nicht wahrhaben wollen.*

Diese Übung können Sie natürlich nicht nur vor der nächsten Geldverhandlung machen, sondern immer dann, wenn

Ihr Unterbewusstsein zu Ihnen spricht. Hören Sie genau hin. Es spricht öfter mit Ihnen, als Sie meinen … Quälen Sie sich nicht zu sehr, das Unterbewusstsein ist halt unterbewusst und wir können uns gar nicht alles bewusst machen. Das Unterbewusstsein hat durchaus sein Gutes. Genießen Sie es.

| Checkliste: So nutzen Sie die Kommunikationsebenen | |
| --- | :---: |
| Sachebene <br> ▸ Haben Sie Ihr Ziel formuliert? <br> ▸ Haben Sie Ihre Leistungen präsent? <br> ▸ Haben Sie alles sachlich Mögliche getan, um gesehen zu werden? <br> ▸ Sind Sie inhaltlich so sattelfest, dass Sie sich auf die Vorgänge auf der Beziehungsebene konzentrieren können? | |
| Beziehungsebene <br> ▸ Haben Sie mögliche Fettnäpfchen identifiziert? <br> ▸ Haben Sie einen alternativen Weg im Blick? <br> ▸ Sind Sie so gelassen, dass Sie auf unvorhergesehene Ereignisse auf dieser Ebene souverän reagieren können? <br> ▸ Wenn nein, was können Sie noch in dieser Richtung tun? | |
| Geschäftsordnung – formell und informell <br> ▸ Sind Ihnen alle formalen Regeln bekannt? <br> ▸ Sind Sie sich der Konsequenzen des Einsatzes der Regeln bewusst? <br> ▸ Haben Sie ein Auge auf die informellen Abläufe und die sich für Sie daraus erschließenden Möglichkeiten? | ✓ |

| Checkliste: So nutzen Sie die Kommunikationsebenen | |
|---|---|
| Unterbewusstsein <br> ▸ Haben Sie Ihr Unterbewusstsein entschlüsselt? <br> ▸ Haben Sie überlegt, ob das Grummeln möglicherweise ein Nebenkriegsschauplatz ist? | ✓ |
| Kommunikation auf allen Ebenen <br> ▸ Geben Sie jeder Ebene ihren Platz in der Verhandlung? <br> ▸ Ist Ihnen bewusst, welche Ebene welchen Platz einnimmt? <br> ▸ Sind Sie sich klar, auf welcher Ebene Sie kommunizieren? | ✓ |

# Verhandlungstypen durchschauen

Ihr Ziel haben Sie im dritten Kapitel bereits konkret, intuitiv, messbar, initiativ, kreativ und herausfordernd aufgeschrieben. In den Kommunikationsebenen können Sie sich bewegen wie in Ihrer Westentasche.

Kommen wir nun zu Ihrem Verhandlungsgegenüber. Hand aufs Herz: Wie intensiv haben Sie sich damit bisher beschäftigt? Noch kaum? Damit haben Sie jede Menge Verhandlungsspielraum verschenkt. Das kann nun anders werden. Doch von alleine geht es auch diesmal nicht.

Beschäftigen wir uns eingehender mit den verschiedenen Verhandlungstypen: Max und Maxima, den strategischen Gewinnmaximierern, Domenik und Domenika, den dominanten Powerpaketen, Star und Stella, den mitreißenden Entertainern, und Traugott und Traudel, den loyalen Unterstützern. Und dann gibt es natürlich auch noch Mischa und Mascha, die Mischtypen.

Am leichtesten können Sie Personen zuordnen, mit denen Sie schon Verhandlungen geführt haben. Dann können Sie sich in Ruhe in Ihr Büro oder auf Ihre Couch setzen, alle bisherigen Begegnungen und Informationen an sich vorüberziehen lassen und eine Strategie entwickeln.

Was aber tun Sie, wenn Sie mit neuen Kunden oder einem ersten Bewerbungsgespräch konfrontiert sind? Im Folgenden haben ich Ihnen für die einzelnen Verhandlungstypen als Hilfestellung zur Einordnung zusammengestellt: Büro und Umgebung, Person und Äußerlichkeiten, Kommunikation und Entscheidungsfindung. Das Spannende daran ist: Menschen bestehen aus ganz vielen Persönlichkeiten und je nach Situation reagieren sie möglicherweise auf einer anderen Typenschiene. Schauen Sie deswegen immer wieder genau hin, wenn Sie diese „Schubladen" als Unterstützung verwenden wollen.

> *Typenerkennung kommt mit Zeit und Übung*
>
> *Üben Sie so oft wie möglich! Gehen Sie im Geiste alle bisherigen Chefs, Kollegen, Mitarbeiter und Kunden durch. Auf wen trifft welcher Typ wann zu? Wie hätten Sie mit dieser Person das beste Ergebnis verhandelt?*
>
> *Schauen Sie sich Talkshows an, am besten die mit wenigstens einem klein bisschen Niveau, und sammeln Sie Merkmale zur Typenzuordnung!*
>
> *Übrigens können Sie sich damit Wartezeiten in der U-Bahn, der Post oder sonst wo ganz locker vertreiben: Analysieren Sie jede Person auf Merkmale, stellen Sie Mutmaßungen über den Typ an und haben Sie Spaß dabei, dann geht es irgendwann fast automatisch.*

## Max und Maxima – die strategischen Gewinnmaximierer

Stellen Sie sich folgende Szene vor:

Zwei Büros, die jeweils am anderen Ende des Flurs liegen. In jedem dieser Büros steht ein Schreibtisch, hinter dem jemand sitzt. Der eine, ich nenne ihn Mäxchen, ist Mitarbeiter von der anderen Person, Maxima, der Chefin. Mäxchen bereitet sich auf die Gehaltsverhandlung in der nächsten Woche vor. Er denkt dabei laut vor sich hin: Oh Mann, diesmal bin ich so was von vorbereitet, diesmal kriegt sie mich nicht dran! Beim letzten Mal hat sie mich wegen einer fehlenden Seite total auseinandergenommen und der minikleine Kaffeefleck war nun wirklich nicht so schlimm. Und anstatt dass sie sich freut, wenn ich nicht mit brutalen Forderungen komme und mich ständig mit meinen Projekterfolgen aufplustere, wollte sie Ziele und Zielerfüllungen so genau, das weiß doch kein Mensch! Und vor allem, das weiß sie doch eh alles. Langweilen oder ihr auf die Nerven gehen, wie der Herr Kollege Dampfplauderer aus dem Nebenbüro, will ich auch nicht.

So, und dieses Mal strukturiere ich mich sogar in der Vorbereitung. Ha, die wird schauen: Ich erstelle eine Excel-Liste mit folgenden Spalten:

1. Was sind meine Projekte – nach Priorität sortiert?

2. Was ist mein konkreter Anteil am Projekterfolg?

3. Was nutzt mein Anteil dem Unternehmen?

4. Welchen Erfolg bringt das Projekt in Zukunft?

Und dann übe ich die Präsentation meiner Leistungen so lange, bis ich sie im Schlaf kann und nicht wieder von A nach D nach C nach B springe. Das kann sie nämlich gar nicht leiden, das sehe ich sofort an der Gewitterfalte über ihrer Nase.

Im anderen Büro liest Maxima den Termineintrag zum Mitarbeitergespräch mit Mäxchen und lehnt sich kurz in ihrem Chefsessel zurück. Sie wühlt in ihrem Hirn nach dem letzten Zusammentreffen und lächelt gedankenverloren vor sich hin: Ach, das Mäxchen ist doch ein guter, loyaler Mitarbeiter. Wenn er's mir nur leichter machen würde, seinen Einsatz zu bewerten und ihn gerecht zu entlohnen. Beim letzten Gespräch war er so aufgeregt, dass er alles durcheinandergeschmissen hat und ich ihm kaum folgen konnte. Und ich mag nun mal nicht, wenn ich mir alle Informationen selber zusammensuchen muss, dazu habe ich auch gar keine Zeit, schließlich habe ich noch 37 andere Mitarbeiterinnen und Mitarbeiter. Dabei wär's so einfach: eine strukturierte Liste, am besten noch grafisch aufbereitet, bei der ich auf einen Blick sehe, was er macht, wie er es macht und was für uns dabei herausspringt. Gesagt hab ich ihm das beim letzten Mal. Schauen wir mal, ob er es dieses Jahr gelernt hat. Ich würde ihm ja geben, was ihm zusteht. Leistungsgerechte Bezahlung ist für mich selbstverständlich.

Kennen Sie diesen Typ Chefin oder Kunden? Sie sind wie ein Uhrwerk, präzise, unbestechlich und haben ein Hirn wie drei Elefanten. Sie sind mit Abstand die angenehmsten Verhandlungspartner. Wenn Sie es schaffen, Ihre Leistungen sichtbar zu machen, eine Steigerung vorzuweisen und das Ganze noch nutzen- und unternehmenszielorientiert darzustellen, bekommen Sie auch eine gerechte Bezahlung. Ein Manko gibt es allerdings: Wenn Max und Maxima Ihnen sagen, dass sie nicht mehr zahlen können, dann ist das keine Killerphrase, sondern die vielleicht bittere und tatsächliche Wahrheit. Und die gute Nachricht dazu: Wenn die Zeiten besser werden und der Geldsegen kommt, dann erinnern sich die Gewinnmaximierer selbstständig an Sie und geben Ihnen z. B. nachträglich einen Bonus. Die nächste gute Nachricht ist: Max und Maxima halten ihre Versprechen immer und meistens sogar freiwillig.

Max und Maxima nenne ich „strategische Gewinnmaximierer", weil sie klare Ziele für das Unternehmen und auch für sich haben. Sie gehen auf dem Weg zu ihren Zielen sehr strategisch vor. Dabei haben sie sehr wohl im Auge, dass menschliche Leistungen zur Maximierung des Gewinns notwendig und wichtig sind. Dieses Wissen sorgt dafür, dass sie den Boden für gute Leistungen bereiten, ihre Mitarbeiter unterstützen und pflegen, wenn sie gefragt werden, und diese gut honorieren.

> ## Gregor, Geschäftsführer eines mittelständischen Unternehmens mit 80 Mitarbeitern
>
> *„Meine Mitarbeiter sagen von mir: ‚Der ist in der Verhandlung ein ganz schön harter Hund, da musst du genau wissen, was du gebracht hast und was du willst.' Und sie haben Recht damit. Gehaltserhöhung ist für mich ein klares Gegengeschäft. Leistung und Kohle, beides muss stimmen, nur dann ist es eine Win-Win-Situation und als Arbeitsverhältnis langfristig gut und haltbar. Am meisten nervt mich die Argumentation, alles ist teurer geworden. Meinen die Leute, das Geld des Unternehmens wächst auf Bäumen?"*

Dieses Beispiel zeigt, dass beim strategischen Gewinnmaximierer die Vorbereitung viel mehr als die halbe Miete ist.

> ## Der Gewinnmaximierer-Verhandlungstipp
> Legen Sie sich ein Notizbuch zu, in dem Sie jedem Ihrer Mäxe und Maximas, egal ob Chefs oder Kunden, ein Kapitel widmen. In diesen Abschnitten schreiben Sie kontinuierlich Ihre Leistung, Ihren Anteil und den Nutzen auf. Das hat zwei Vorteile: Sie haben es immer abrufbereit und Sie brauchen es für die konkrete Vorbereitung nur noch gezielt aufzubereiten. Schon wieder Arbeit und Zeit gespart, auch wenn es auf den ersten Blick nach mehr Arbeit aussieht!

## Woran Sie Max und Maxima erkennen

Woran erkennen Sie nun die strategischen Gewinnmaximierer? Ich habe die Erkennungskriterien in vier Kategorien unterteilt. Probieren Sie, welche Kategorie Ihnen am besten liegt, und schreiben Sie Ihre Beobachtungen anfänglich stur auf, dann bekommen Sie langsam, aber sicher ein Auge und vor allem ein Gefühl dafür, wann Sie Max oder Maxima vor sich haben. Die positivste Ausprägung ist der väterliche Mentor und am negativen Ende der Messlatte finden Sie den Erbsenzähler. Dazwischen liegen vom Buchhalter über den Controller bis zum kämpferischen Vollstrategen alle Varianten, auf die Sie treffen können.

### *Büro*

Das Büro von Max und Maxima ist meist sehr aufgeräumt und zweckmäßig eingerichtet. Alles ist ordentlich, strukturiert und sie wissen genau, wo was zu finden ist. Selbst die Ordnerstruktur im PC ist – für sie – übersichtlich und alles ist schnell greifbar. Kaputte Kulis, ungespitzte Bleistifte und wirre Zettelsammlungen werden Sie vergeblich suchen, genauso wie Persönliches oder Schnickschnack. Die Projektmappen sind nach Priorität sortiert und zeigen den Projektstand sowie die To-Dos auf einen Blick. Bevor sie nach Hause gehen, räumen Max und Maxima ihr Büro auf.

## Person und Äußerlichkeiten

Max und Maxima sind der Prototyp des Perfektionisten, haben ein Gedächtnis wie mindestens drei Computer und sehr hohe Erwartungen an sich und den Rest der Welt. Bei ihnen zieht sich die Ordnung auch durch die Kleidung. Abgerissene Knöpfe, Flecken und sonstige Verunstaltungen sorgen für peinliche Berührtheit. Doch sie sind nicht nur ordentlich und angemessen, sondern meist zweckmäßig und nicht unbedingt nach der neuesten Mode gekleidet. Trends sind ihnen nur wichtig, wenn sie zum Erreichen eines Ziels beitragen. Ungepflegtes Aussehen und Schlampigkeit ist für diese Typen ein absolutes No-Go. Das gilt vom Scheitel bis zur Sohle.

## Kommunikation

In der schriftlichen Kommunikation – und die ist ihnen zumindest im Job am liebsten – sind Max und Maxima die Genauigkeit in Person. Auch sonst sind sie klar, deutlich und unbestechlich. Ironie, Sarkasmus und Wortspielchen sind ihnen fremd. Sie reagieren auf Druck allergisch, sehr allergisch! Sie sind sehr linkshirnig, das bedeutet, sie bewegen sich zu 90 Prozent auf der Sachebene und fühlen sich dort am wohlsten. Den ganz ausgeprägten Vertretern geht es sogar ganz gehörig auf die Nerven, wenn sie zu Beginn eines Verhandlungsgesprächs als Aufwärmphase Small Talk betreiben müssen. Sie finden es eher lästig, sich mit Urlaubserlebnissen zu beschäftigen, und vor allem persönliche Probleme wollen sie überhaupt nicht hören. Wenn Max oder Maxima auf der Beziehungsebene „ausrasten", dann ist etwas passiert, das einem Tsunami gleicht, und nur die Lösung auf der Sachebene kann die Lage entspannen.

## Entscheidungen finden und treffen

Die Sachebene ist das Entscheidungszuhause von Max und Maxima. Dort sammeln sie möglichst alle, und zwar wirklich alle Fakten und betrachten das Gesamtkonstrukt. Sie stellen eine Pro-und-Kontra-Liste auf und wägen ab. Wenn sie alles beieinander haben, ist es für sie leicht, eine Entscheidung zu treffen. Sie stehen zu dieser Entscheidung, können sie jedoch genauso schnell revidieren, wie sie sie getroffen haben. Wankelmütig? Ganz und gar nicht, nur offen für einen Wechsel, wenn sich die Sachlage ändert oder neue, bisher unbeachtete Fakten dazukommen. In jedem Fall ist die Entscheidung gerecht und nach bestem Wissen und Gewissen getroffen und frei von jeglichen emotionalen Befindlichkeiten.

## Wie Sie Max und Maxima in der Verhandlung für sich gewinnen

Bei Max und Maxima ist „überzeugen" das bessere Wort, Gewinnen wird schwierig. Für sie gibt es nur sachlich richtige Punkte, keine Gewinner und Verlierer. Wie wir in der Szene am Anfang des Kapitels gesehen haben, wollen die Verhandlungspartner auf Chef- oder Kundenseite sich nichts selbst zusammensuchen müssen, sondern die Entscheidungskriterien auf dem Silbertablett und in einer sinnvoll strukturierten Reihenfolge präsentiert bekommen.

Vorsicht: Max und Maxima sind überdurchschnittlich gut informiert und lassen sich nicht verschaukeln.

Die folgende Tabelle zeigt Ihnen, wie Sie Max und Maxima am besten begegnen:

| Das hilft Ihnen | Das sollten Sie vermeiden |
|---|---|
| ▶ Ausführliche, gezielte und gut strukturierte Vorbereitung | ▶ Die Verhandlungsvorbereitung unterschätzen oder gar ganz sein lassen. |
| ▶ Logischer, nutzenorientierter und qualitativ hochwertiger Verhandlungsaufbau | ▶ Fehler und Schlamperei in den Unterlagen |
| ▶ Präzise, strukturierte und gut verwertbare Unterlagen | ▶ Druck ausüben, das macht misstrauisch. |
| ▶ Argumentieren Sie nachvollziehbar und beweisbar! | ▶ Nicht beweisbare Behauptungen aufstellen. |
| ▶ Verschicken Sie vorab eine Agenda! | ▶ Schnickschnack, Prahlerei, „Geschichten" erzählen. |
| | ▶ Ideen ohne sofort sichtbaren Sinn präsentieren. |
| | ▶ Überraschungen |

**Auf den Punkt gebracht**

Entspannen Sie sich! Glücklicherweise sind strategische Gewinnmaximierer selten „pur". Sie sind menschlich. Sie haben Teile anderer Verhandlungstypen in sich und der größte Verhandlungsvorteil bei ihnen ist: Sie sind berechenbar. Sprechen Sie die Linkshirner mit Daten, Fakten, Logik und Messbarkeit an.

# Domenik und Domenika – die dominanten Powerpakete

Kennen Sie Madonna, eine der erfolgreichsten Sängerinnen auf diesem Erdball? Sie sagt: „Ich bin tough, ich bin ehrgeizig und ich weiß genau, was ich will. Wenn mich das zur Hexe macht, o. k."

Madonnas Erfolgsplan:

▸ eine langjährige Mission und Vision leben

▸ die Kunden verstehen

▸ eigene Stärken nutzen, Schwächen erkennen

▸ Neuerungen durchgängig umsetzen

▸ sich beständig erneuern

Dieses genaue Wissen darüber, was sie wollen, ist den dominanten Powerpaketen gemeinsam. Den Weg dahin gehen sie im Zweifel auch über Leichen und legen dabei eine unglaubliche Energie an den Tag. Diese Menschen wollen Gegner, keine Opfer, und sie lieben Macht. Das strahlen sie aus jeder Pore aus!

### Karin, 26, Logopädin

*Karin kam ins Coaching und schimpfte erst einmal eine Viertelstunde über ihren Chef, den HNO-Arzt. Dieser brumme ihr ständig Zusatzaufgaben auf und rücke kein Geld für dringend notwendige Arbeitsmaterialien heraus. Ich fragte sie, ob sie es schon mal mit Neinsagen probiert habe. Völlig erstaunt sah sie mich an. Diese Möglichkeit schien gänzlich jenseits ihres Vorstellungsvermögens.*

> *Wir übten nun im Rollenspiel Folgendes: Ich übernahm die Rolle des Chefs und sie sagte zu mir: „Nein". Ich brachte sie weiter in Bedrängnis, indem ich fragte „Wie, nein?" Das beantwortete sie mit: „NEIN, welchen Teil davon haben Sie nicht verstanden?" Nach unzähligen Wiederholungen begann ihr das Neinsagen Spaß zu machen und sie konnte sich vorstellen, es am nächsten Tag bei ihrem Chef auszuprobieren. Und was, glauben Sie, ist passiert? Ihr Chef hat das Nein sogar ohne Nachfragen akzeptiert. Das Erstaunen meiner Klientin war grenzenlos. Die Idee, ihrem Chef zu widersprechen, war ihr so fern gewesen wie der Mount Everest. Dieses positive Erlebnis gab ihr viel Mut und Kraft, auch zukünftig Grenzen zu setzen.*

Was lernen wir aus diesem Beispiel? Domenik und Domenika übersehen uns so lange, bis wir uns ganz bewusst sichtbar machen. Der dominante Teil der Powerpakete ist der gefährlichere; sie sind Machtmenschen und genießen diese Macht in vollen Zügen. Dabei bügeln sie im Zweifel jeden nieder, der ihnen im Weg steht.

Das Gemeine daran ist, dass sie einen unglaublichen Sensor für Schwachstellen eines Gegenübers haben. Sie finden die Achillesferse und pieksen treffsicher genau da hinein. Killerphrasen und Angriffe wie: „Na, mal wieder Schlaftabletten vor der Präsentation genommen?", oder: „Meine Erfahrung sagt, das funktioniert so nicht", oder: „Sie kommen doch frisch von der Uni, Sie können das gar nicht wissen" setzen sie ohne Skrupel ein.

Die negative Extremform von Domenik und Domenika ist der fiese Diktator, der alles in Grund und Boden rammt und dem es völlig egal ist, wer oder was dabei auf der

Strecke bleibt, damit er sein persönliches Ziel erreicht. Die positivste Variante ist der Visionär, der mit seiner Power alle mit sich zieht, zu unglaublichen Leistungen antreibt und sein Team auf der Welle des Erfolgs ganz nach oben trägt. Dazwischen liegen kleine und große Narzissten, Fieslinge, Macher und charismatische Führungspersönlichkeiten.

### Sylvia, 28, IT-Trainerin

*Sylvia hatte sehr gutes Feedback bekommen und der Institutsleiter sagte zu ihren fast ausschließlich männlichen Kollegen: „Unsere Sylvia hat 1,2 und der Nächste liegt bei 2,1, da könnt ihr euch eine Scheibe abschneiden." Ein Kollege brummelte in seinen Bart: „Wirst schon wieder einen tiefen Ausschnitt und einen kurzen Rock angehabt haben!" Ihre Antwort kam mit einem strahlendem Lächeln: „Du, probier's doch beim nächsten Kurs auch mal damit." Dieser Kollege behält seine Sprüche seitdem für sich. Ziel erreicht!*

Zeigen Sie Präsenz, halten Sie dagegen und trauen Sie sich, schlagfertig zu sein.

## Woran Sie Domenik und Domenika erkennen

Domenik und Domenika sind voller Energie auf dem Weg zu ihren enorm hoch gesteckten Zielen. Delegieren gehört definitiv nicht zu ihren Lieblingsbeschäftigungen, sie machen etwas im Zweifel lieber selbst, als es einem Dilettanten zu überlassen. Teamarbeit halten sie oft für überbewertet und hängen andere schon mal mit ihrem rasanten Tempo ab.

## Büro

Das Büro ist schon an seiner Bestlage zu erkennen: oberster Stock, Eckbüro und gerne sehr großzügig. Statussymbole zieren extra angefertigte Designerregale. Die neueste Hightech-Ausstattung mit dem Trend zum Dritthandy und dem flachsten Flachbildschirm finden Sie dort genauso wie den dicken Chefsessel und den güldenen Familienbilderrahmen. Eine großzügige Besprechungsecke, edle Zigarrenkisten, Auszeichnungen an den Wänden und edle Accessoires runden die Einrichtung ab.

## Person und Äußerlichkeiten

Das Designerlogo wird gern nach außen getragen, Statussymbole wie die Rolex-Uhr, goldene Manschettenknöpfe und teure Markenware sind Standard. Die Dominanz in Form von Macht strahlen die Powerpakte nicht nur durch ihre Markenkleidung aus. Sie lassen durch ihr Auftreten keinen Zweifel an ihrer Wichtigkeit aufkommen. Die Menschheit hat zu springen, wenn sie pfeifen. Häufig ist ein leicht abschätziger Blick oder die Ich-schau-durch-dich-durch-Variante die Verdeutlichung der Aussage: „Was willst du Wicht von mir? Wie kannst du es überhaupt wagen, die gleiche Luft zu atmen wie ich?"

## Kommunikation

Klar und deutlich vertreten Domenik und Domenika ihre Meinung und setzen sie mit allen möglichen und unmöglichen Mitteln – gern auch in Befehlsform – durch. Dabei schrammen sie manchmal am Rande der Legalität entlang und sehen die Grenzen nicht so eng. Provokationen sind ihr Lieblingsstilmittel. Sie erkennen, testen und treffen jeden an seiner persönlichsten, verwundbarsten Stelle, und das meist noch kalt lächelnd. Jemanden in Grund und Boden zu diskutieren ist eine ihrer leichtesten Übungen. Unscheinbare, vorsichtige Opfer versenken sie mit einem lockeren Tritt komplett im Boden.

Sie zollen einem würdigen Gegner allerdings durchaus Respekt. Wenn Sie sich diesen Respekt erkämpft haben, gleicht das schon fast einem Ritterschlag und Sie sind in der Gemeinschaft der Oberen dabei. Der Vorteil ist: Sie wissen immer, woran Sie sind. Der Nachteil ist: Wenn Sie zur falschen Zeit am falschen Ort sind, werden Sie niedergebügelt, ob absichtlich oder versehentlich, werden Sie kaum herausfinden.

## Entscheidungen finden und treffen

Entscheidungen sind für Domenik und Domenika eine klare und schnelle Sache. Sie erfassen Sachlage, Nutzen und Risiken mit einem Blick und sehen es im Zweifel sportlich. Hauptsache, sie sind der Entscheidungsträger. Fremdentscheidungen können dazu führen, dass in Grundsatzdiskussionen die Rangfolge erneut klargestellt wird. Getroffene Entscheidungen werden durchgezogen, koste es, was es wolle, und ohne Rücksicht auf Verluste. Bauernopfer sind da normal. Wenn doch einmal eine Entscheidung revidiert oder durch eine andere ersetzt wird, dann geht's mit Volldampf in die neue Richtung, ohne jegliche Reue oder einen Schulterblick.

**Der Powerpakete-Verhandlungstipp**

Domenik und Domenika fordern volle Leistung, und zwar zu jeder Tages- und Nachtzeit. Stellen Sie sich darauf ein. Gehen Sie ausschließlich mit vollen Batterien in diese Verhandlung! Sie brauchen jede mögliche Energiereserve. Wenn Sie angeschlagen sind – körperlich, emotional oder seelisch –, dann verschieben Sie diesen Termin. Und das meine ich bitterernst, vor allem wenn Sie den Respekt Ihres Gegenübers noch nicht gewonnen haben. Sie werden bereits respektiert? Sehr gut. Dennoch: Vorsicht! Die Powerpakete überprüfen immer wieder, ob Sie diesen Respekt verdient haben. Also bleiben Sie auf der Hut und leistungsfähig.

## Wie Sie Domenik und Domenika in der Verhandlung für sich gewinnen

Domenik und Domenika sind harte Verhandlungspartner, die nicht immer fair bleiben. Schwächlinge widern sie an und sie behandeln sie entsprechend. Deswegen tun Sie sich einen großen Gefallen und gehen Sie wirklich nur im Vollbesitz Ihrer Kräfte in eine solche Verhandlung! Generell ist es bei Powerpaketen besser, Sie nehmen sich frei, wenn Sie ein Problem haben, lösen es und treten dann wieder mit voller Kraft an. Sorgen Sie dafür, dass Ihre Leistungen klar sichtbar und vor allem durchgängig sehr gut sind. Von Domenik und Domenika akzeptiert, respektiert und damit überhaupt erst wahrgenommen zu werden, das ist das Erfolgsgeheimnis für die erfolgreiche Verhandlung.

Die folgende Tabelle zeigt Ihnen, wie Sie Domenik und Domenika am besten begegnen:

| Das hilft Ihnen | Das sollten Sie vermeiden |
| --- | --- |
| ▸ Zeigen Sie, dass Sie den hohen Ansprüchen der Powerpakete ganz locker genügen.<br>▸ Geben Sie mit Witz und Eleganz schlagfertige Antworten.<br>▸ Wenn Ihnen keine gute Antwort einfällt, ignorieren Sie die Spitzen und Killerphrasen.<br>▸ Lächeln Sie, das entschärft den Druck der Gegenseite.<br>▸ Üben Sie vorher ausgiebig Ihre Reaktionen auf mögliche Vernichtungsschläge.<br>▸ Stellen Sie Fragen und bringen Sie die Powerpakete damit in Bewegung.<br>▸ Argumentieren Sie auf der Sachebene.<br>▸ Setzen und verteidigen Sie Ihre Grenzen klar und deutlich.<br>▸ Stehen Sie zu sich und Ihren Aussagen.<br>▸ Antworten Sie in kurzen Sätzen. | ▸ Kopf einziehen – weder direkt noch im übertragenen Sinn.<br>▸ In die Rechtfertigungs- oder Erklärungsfalle tappen.<br>▸ Die Powerpakete unterschätzen.<br>▸ Im Gespräch nachlassen, Müdigkeit zeigen oder unaufmerksam sein.<br>▸ Jammern oder lamentieren, das wird sofort zu Ihrem Nachteil ausgenutzt.<br>▸ Wankelmütige Entscheidungen und vorsichtiges Vorgehen. |

**Auf den Punkt gebracht**

Wenn Sie bei den dominanten Powerpaketen das Gefühl haben, bei denen klappt immer alles: Einatmen –
Ausatmen – Einatmen – Ausatmen – das ist absolut le-
bensverlängernd. Auch diese Menschen kochen nur mit
Wasser! Seien Sie zum richtigen Zeitpunkt mit dem richtigen Argument am richtigen Ort. Haben Sie Ihr Ziel klar
vor Augen und präsentieren Sie es so, dass Domenik
und Domenika den eigenen Nutzen erkennen. Trauen
Sie sich!

## Star und Stella – die mitreißenden Entertainer

Star und Stella sind schillernde Paradiesvögel, die mal hier-
hin und mal dahin flattern. Verbindlichkeit können sie nicht
mal buchstabieren und ihr Leitspruch könnte sein: „Was
geht mich der Mist an, den ich gestern oder gar letzte
Woche verzapft habe?" Sie sind ein sprudelnder Ideen-
quell, der nie zu versiegen scheint. Sie sind super als Kun-
denmagnet geeignet. Sie können gar nicht anders, als
Veränderungen anzustoßen. Wenn es darum geht, innova-
tiv und visionär zu sein, sind sie unschlagbar.

Leider hapert es dann meist bei der Durchführung. Für Star
und Stella gibt es nichts Langweiligeres als Ausarbeitung,
Excel-Sheets oder To-Do-Listen. Sie sind die geborenen
Unterhalter und kommunizieren ist ihre Lieblingsbeschäf-
tigung. Deswegen sind Entertainer und Gewinnmaximierer
ein ideales Erfolgsteam: Der Entertainer schafft ran, moti-

viert und bringt Bewegung. Der Gewinnmaximierer sorgt dafür, dass die Energie, die der Entertainer versprüht, produktiv in optimale Ergebnisse umgesetzt wird. Wenn Sie in der Verhandlung auf ein solches Team stoßen, ist es Ihre persönliche Herausforderung, den folgenden Spagat hinzubekommen:

▸ Finden Sie heraus, wer von beiden in Ihrem speziellen Fall das Sagen hat.

▸ Reißen Sie den Entertainer mit spritzigen Ideen vom Hocker.

▸ Überzeugen Sie den Gewinnmaximierer mit strukturierter, nutzen- und erfolgsorientierter Leistungsdarstellung.

▸ Halten Sie beide ihrem Typ entsprechend bei Laune.

### Jennifer, 29, freiberufliche Eventmanagerin

*Jennifer wollte sich auf die nächste Verhandlung mit ihrem Kunden vorbereiten, um die Anzahl der Stunden und den Stundensatz zu erhöhen. Sie kam strahlend herein und erzählte mir von einem tollen Ereignis auf der Buchmesse: „Die Veranstaltung, die ich in Leipzig organisiert habe, lief super, und alle, inklusive mein Auftraggeber, waren sehr zufrieden. Und wissen Sie, was dann passiert ist?" Sie platzte fast vor Stolz. „Ein bekannter TV-Moderator kam zu mir und meinem Kunden und sagte: ‚Wissen Sie überhaupt, was Sie da für eine Perle des Eventmanagements gefunden haben?' Das hilft mir bestimmt bei der Verhandlung, oder?", fragte sie mit verschwörerischem Blick.*

*Und es half uns, wir bereiteten einen genialen Einstieg für ihre Verhandlung vor. Sie verglich den Preis einer Zuchtperle mit dem einer echten Perle und legte ihrem Auftraggeber mit einem verschmitzten Lächeln und dem Seitenwink auf*

> *den TV-Moderator ihre Wünsche für die zukünftige Zu-*
> *sammenarbeit vor. Der lächelte zurück. Der übrigens sehr*
> *gefragte Moderator hatte ihn noch einmal angerufen und*
> *ihm, noch immer begeistert von Jennifer, zwei weitere Ver-*
> *anstaltungen zugesagt. Den direkten Bezug, dass er haupt-*
> *sächlich wegen der guten Betreuung und Veranstaltungs-*
> *organisation durch Jennifer wiederkomme, hat er dabei*
> *deutlich erwähnt. Jennifer und ihr Kunde, den wir nach*
> *weiteren Erzählungen klar als Entertainer identifiziert hat-*
> *ten, wurden sich schnell einig und aufgrund des Vorberei-*
> *tungscoachings ließ sie sich auch alles gleich noch schrift-*
> *lich geben.*

Dieses Beispiel zeigt, dass die Entertainer mit Prominenz meist gut und einfach zu beeindrucken sind und damit zu leichteren Verhandlungspartnern werden. Nutzen Sie Ihre Kontakte und setzen Sie sich damit gut in Szene. Vergessen Sie dabei nie die sofortige schriftliche Fixierung, die Entertainer haben das Verhandlungsergebnis sofort wieder vergessen.

Star und Stella sind in ihrer Eigenwahrnehmung die strahlenden und funkelnden Sterne am dunklen Nachthimmel. Sie brauchen die Bühne wie die Rose das Wasser. Sie blühen auf, wenn sie bewundert werden, und wollen definitiv immer die Hauptrolle spielen. Versuchen Sie gar nicht erst, dem Entertainer die Show zu stehlen, dann ist es aus und vorbei. Und das Dumme ist, genau das können Entertainer sich dann auch noch merken!

**Der Entertainer-Verhandlungstipp**

Nehmen Sie immer Zettel und Stift mit. Carpe diem – nutze den Tag, in diesem Fall besser den Augenblick, wenn Sie Star und Stella in euphorischer Erfolgsstimmung erwischen. Dann sind sie in Geberlaune – verhandeln Sie also, was das Zeug hält! Und jetzt wird's WICHTIG: Schreiben Sie das Ergebnis auf und lassen Sie es vom Entertainer abzeichnen! Und wenn es auf dem Bierdeckel ist. Hauptsache, Sie können es beweisen. Andernfalls besteht die große Gefahr, dass sich Ihr Verhandlungspartner nicht mehr daran erinnert. Und das noch nicht einmal mit bösem Willen, Entertainer haben einfach andere Prioritäten. Sie leben hauptsächlich im Hier und Jetzt. Die gute Nachricht daran ist: Bei Erfolg sind sie sehr großzügig!

## Woran Sie Star und Stella erkennen

Star und Stella versprühen jede Menge Charme und pure Lebenslust. Sie motivieren oft allein durch ihre Anwesenheit zu unglaublichen Höhenflügen. Mit ihrer unterhaltsamen Art wirkt alles gleich viel leichter. Sie strotzen vor Energie und alles scheint machbar. Die Kreativität sprudelt in Form von Lösungen unerschöpflich aus ihnen heraus.

Solange sie dabei jemand anderen für die Durchführung haben, ist alles gut. Die positivste Variante ist der unterhaltsame, energiebringende Motivator. Am negativen Ende finden Sie den Dampfplauderer. Dazwischen sind von der Partyqueen über den Alleinunterhalter, den anziehenden Mittelpunkt und dem Fähnchen im Wind bis hin zum unterhaltsamen Vortragsredner alle Varianten vertreten.

## Büro

Schnickschnack in allen Farben und Formen ziert das Büro von Star und Stella. Die neueste, trendige, flippigste und gerne oft wechselnde Einrichtung ist schick und topmodern. Bunter Spielkram, ausgeflippte Accessoires und liebevoll gestaltete Details runden das Bild ab.

## Person und Äußerlichkeiten

Star und Stella sind meistens auffällig und oft nach dem letzten Schrei gekleidet. Pfiffige Accessoires, witzige und ausgefallene Kombinationen der neuesten Trends sind ganz normal. Sie sehen auch immer irgendwie gut aus. Vielleicht weil sie von innen heraus strahlen? Sie machen aus allem etwas und leben ihre Kreativität auch in der Kleidung aus. Sie legen sehr viel Wert auf Bewunderung und genießen die Bühne des Lebens mit viel Applaus gerne den lieben langen Tag. Sie spiegeln in ihrem Äußeren ihr sprunghaftes Innenleben gut wider und hassen nichts mehr als Langeweile in jeglicher Form.

## Kommunikation

Star und Stella kommunizieren gern und viel. Obwohl nicht immer viel Inhalt dahintersteckt, hören sich ihre „Reden" meistens gut an. Schriftliche Kommunikation finden sie äußerst lästig, außer sie schwärmen vom neuesten elektronischen Spielzeug. Weil sie so geniale Redner sind, schaffen sie es auch oft, ihr Gegenüber nach Strich und Faden um den Finger zu wickeln, Katastrophen in sanftem Licht viel weniger schlimm erscheinen zu lassen und Erfolge zu feiern, lange bevor sie eingetreten sind. Sie haben einen großen Vorteil, wenn Sie mit den Entertainern verhandeln. Sie können ihnen jede Gefühlsregung von der Stirn ablesen und entsprechend darauf reagieren.

## *Entscheidungen finden und treffen*

Entscheidungen treffen Star und Stella schnell aus dem Bauch heraus – und vergessen sie genauso schnell wieder. „Ich soll das so entschieden haben?", fragen sie völlig erstaunt mit einem gewinnenden Lächeln. Und im nächsten Augenblick haben sie uns schon wieder mit einer anderen Entscheidung überrascht und meist auch begeistert. An Entscheidungen festzuhalten hat schließlich auch niemand vorgeschrieben, es könnte ja noch was Besseres, Tolleres, Neueres kommen … Deshalb: Wenn Sie ein Lob oder eine Zusage oder irgendwie für Sie positiv verwertbares Feedback bekommen, lassen Sie es sich sofort bestätigen oder sorgen Sie dafür, dass Zeugen dabei sind!

## Wie Sie Star und Stella in der Verhandlung für sich gewinnen

Star und Stella wollen wirklich gewonnen bzw. begeistert werden. Bei den Entertainern reicht es nicht, wenn Sie ein bisschen glühen. Es wirkt erst, wenn Sie für sich und Ihre Erfolge brennen. Die Wahl des Zeitpunkts ist extrem wichtig. Nutzen Sie in jedem Fall die Gunst des Augenblicks, wenn etwas super gelaufen ist und die Entertainer gerade in Hochstimmung sind. Und lassen Sie bloß die Finger von regelmäßigen Gesprächen und Forderungen.

Stellen Sie fest, worauf Star oder Stella stehen. So blöd das auch klingt, bei diesem Verhandlungstyp basiert der Verhandlungserfolg oft auf Lieblingsschokolade, frischem Latte macchiato und Karten für besondere Events. Wenn Sie Kontakte haben, die den Entertainern gefallen oder die schick sind, dann lassen Sie Star und Stella daran teilhaben. Nehmen Sie sie auf Veranstaltungen mit VIP-Card mit und geben Sie ihnen die ultimativen Geheimtipps. Sie werden es Ihnen danken, meistens zumindest.

Die folgende Tabelle zeigt Ihnen, wie Sie Star und Stella am besten begegnen:

| Das hilft Ihnen | Das sollten Sie vermeiden |
| --- | --- |
| ▸ Passen Sie den richtigen Zeitpunkt ab. <br> ▸ Stellen Sie eine mögliche Verwandtschaft – tatsächlich wie geistig – heraus. <br> ▸ Strotzen Sie vor neuen Ideen und Impulsen. <br> ▸ Lassen Sie Ihren Charme spielen. <br> ▸ Nehmen Sie's mit Humor, lachen Sie über seine/ihre Witze und unterhalten Sie Ihr Gegenüber. <br> ▸ Setzen Sie originelle Verhandlungsstrategien ein, verführen Sie! | ▸ Lassen Sie das Kleckern, klotzen Sie stattdessen. <br> ▸ Langweilen Sie die Entertainer niemals. <br> ▸ Verlassen Sie sich nicht auf schriftliche Unterlagen und schon gar nicht darauf, dass sie vom Gegenüber gelesen werden. <br> ▸ Unterfordern Sie sie nicht, das führt zu Langeweile. <br> ▸ Sparen Sie sich unwichtige Infos, betrachten Sie die Infos mit den Augen der Entertainer. |

| Das hilft Ihnen | Das sollten Sie vermeiden |
|---|---|
| ▸ Halten Sie sie auf dem Laufenden. <br> ▸ Achten Sie auf blitzsauberes und strahlendes Aussehen. | |

---

**Auf den Punkt gebracht**

Nur kein Neid! Mein Vater hat immer gesagt: „Mitleid bekommst du geschenkt, Neid musst du dir hart erarbeiten." Die mitreißenden Entertainer brauchen die Bühne wie die Rose das Wasser. Lassen Sie ihnen ausreichend Raum! Hören Sie auf Ihren Bauch, sprühen Sie großzügig mit Ihrem Charme und fühlen Sie sich wohl in der Nebenrolle, während die Entertainer in ihrer Hauptrolle glänzen können.

# Traugott und Traudel – die loyalen Unterstützer

In meinen Vorträgen sage ich an dieser Stelle immer: „Diesen Chef gibt's nicht!" Das stimmt natürlich nur bedingt. Ganz oft stehen Traugott und Traudel in der zweiten Reihe und werden da gerne übersehen. Großer Fehler! Die loyalen Unterstützer sind die Helfer im Hintergrund. Sie haben ihr Herz am rechten Fleck, und das schlägt für langfristige Arbeitsbeziehungen. Sie halten den vorderen Reihen den Rücken frei und sind eher die fleißigen Arbeitsbienen. Sie haben auf der Beziehungsebene einen sehr verlässlichen

Radar. Oft baut die Front auf ihre Infos. Zumeist dienen die gesammelten Werke der Unterstützer sogar als Entscheidungsgrundlage.

## Martin, 40, Abteilungsleiter in einem großen IT-Konzern

*Martin kam mit dem Thema: Ich bin jetzt Chef und muss Mitarbeiter und Bewerbungsgespräche führen. Nach mehreren Coachings erzählte er mir folgende Geschichte, in der er sich sehr klar als loyaler Unterstützer zu erkennen gab: „Gestern hat sich neben drei Männern eine Frau für die freie Entwicklerstelle vorgestellt. Sie war nach dem Lebenslauf klar die Nummer eins, und zwei der anderen Kandidaten stellten sich außerdem als Luftnummern heraus. Obwohl ich ihr Potenzial sofort gesehen habe, hat sie es wirklich gut verborgen. Und als es dann ums Gehalt ging, hat sie viel zu wenig gefordert. In einer Gesprächspause nahm ich sie zur Seite und gab ihr den Rat, kurz darüber nachzudenken und dann mindestens 40 Prozent draufzuschlagen. Das tat sie dann, und wir haben sie eingestellt." Nach zwei Jahren traf ich Martin wieder und er erzählte mir strahlend, dass diese Frau heute seine beste Mitarbeiterin sei.*

Es gibt sie also, die loyalen Unterstützer. Wahrscheinlich finden Sie sie eher in der Rolle des Kunden als in der des Chefs. Wenn Sie freiberuflich tätig sind, dann umso besser für Sie! Sie können sich Ihren Lieblingskundentyp ja aussuchen.

## Woran Sie die Traugott und Traudel erkennen

Traugott und Traudel sind gern in Gesellschaft unterwegs und brauchen viel persönliche Ansprache. Sie sind meistens eher unscheinbar und werden gern übersehen. Zu Unrecht. Aus dem Hintergrund haben sie oft den besseren Überblick und können ein umfassendes Meinungsbild abgeben.

### *Büro*

Traugott und Traudel umgeben sich mit vielen persönlichen Gegenständen, z. B. Fotos, Urlaubsmitbringsel und Geschenke. Ansonsten ist die Einrichtung eher praktisch und ihren persönlichen Bedürfnissen angepasst.

### *Person und Äußerlichkeiten*

Die neueste Mode interessiert Traugott und Traudel nicht wirklich. Manchmal ist die Kleidung sogar eher bieder. Das liegt daran, dass sie sich nur sehr ungern von ihren Lieblingsstücken trennen. Sie treten eher ungeschminkt auf, praktisch gekleidet und einfach gestylt. Äußerlichkeiten sind ihnen nicht wichtig.

### *Kommunikation*

Traugott und Traudel kommunizieren lange und ausführlich. Der Weg zum beruflichen Erfolg führt über die persönliche Kommunikation. Sie brauchen eine gewisse Zeit, um mit jemandem warm zu werden.

## *Entscheidungen finden und treffen*

Der Reifeprozess einer Entscheidung kann bei Traugott und Traudel durchaus dauern und sehr von persönlichen Befindlichkeiten abhängen. Wenn sie dann eine Entscheidung getroffen haben, bleiben sie gern dabei. Sie können es überhaupt nicht leiden, zu Entscheidungen gedrängt zu werden.

## Wie Sie Traugott und Traudel in der Verhandlung für sich gewinnen

Geben Sie sich und den loyalen Unterstützern einen langen Vorlauf. Einen Verhandlungserfolg erzielen Sie nur dann, wenn Sie schon lange vor dem Gespräch auf sehr gutem Fuß mit Ihrem Gegenüber stehen. Die Unterstützer wollen nicht nur ihre eigenen persönlichen Erlebnisse und Gefühle erzählen, sie wollen auch Ihre wissen. Also seien Sie auf der Beziehungsebene gesprächig und üben Sie sich im aktiven Zuhören.

Die folgende Tabelle zeigt Ihnen, wie Sie Traugott und Traudel am besten begegnen:

| Das hilft Ihnen | Das sollten Sie vermeiden |
|---|---|
| ▸ Seien Sie verbindlich, ehrlich und glaubwürdig.<br>▸ Persönliches kommunizieren Sie am besten im Vieraugengespräch.<br>▸ Stellen Sie menschliche Werte über finanzielle Mittel. | ▸ Auf schnelle Entscheidungen drängen.<br>▸ Ignorieren eines stillen Rückzugs<br>▸ Innovationen erwarten.<br>▸ Ständig mit neuen Ideen um die Ecke kommen.<br>▸ Ungeduldig sein. |

| Das hilft Ihnen | Das sollten Sie vermeiden |
|---|---|
| ▸ Bringen Sie Zeit zu Gesprächen mit.<br>▸ Seien Sie geduldig.<br>▸ Bleiben Sie dran. | |

---

**Auf den Punkt gebracht**

Die loyalen Unterstützer legen größten Wert aufs Persönliche und sind positiv wie negativ extrem nachtragend. Punkten Sie mit aktivem Zuhören als Lebenseinstellung – das hilft übrigens auch bei den anderen Typen. Seien Sie sich selbst treu, akzeptieren Sie die Unterstützer auf gleicher Ebene. Zeigen Sie Ihnen diese Akzeptanz, und sie werden Ihnen treu werden, sein und bleiben.

---

## Mischa und Mascha – die Mischung macht's?

Jetzt denken Sie sich wahrscheinlich: Aber, aber, der letzte Woche, ich war ganz sicher, dass das ein reinrassiger Gewinnmaximierer ist. Doch plötzlich fing er mitten im Gespräch an zu springen und schwärmte 20 Minuten lang für den Unternehmensfußballcup.

Ja, das kann Ihnen passieren. Das und ganz andere Dinge.

Jeder Mensch hat alle vier Charaktere in sich. In welcher Grundsatzausprägung die jeweiligen Kommunikationstypen vorhanden sind, ist verschieden. Tagesformabhängig treten sie unterschiedlich intensiv auf. Erschwerend kommt hinzu, dass das Ganze situationsabhängig ist. Grundsätzlich kann Ihnen jede Mischung begegnen.

Der Gewinnmaximierer tritt gern mit dem Unterstützer im Schlepptau auf. Die Powerpakete ergänzen sich gut mit den Entertainern und bilden dann oft eine hochexplosive Mischung. Und das jeweils in einer Person. Es kann Ihnen genauso gut passieren, dass Sie etwas sagen und damit einen anderen Typen in Ihrem Gegenüber wecken. Achten Sie darauf, dass Sie den Wechsel im Verhalten Ihres Verhandlungspartners bemerken und Ihre eigene Verhandlungsstrategie entsprechend anpassen.

Bewahren Sie ruhig Blut und nehmen Sie sich – wenn möglich – viel Zeit bei der grundsätzlichen Einordnung! Schätzen Sie ab, welcher Verhandlungstyp in welcher Ausprägung gerade vor Ihnen sitzt, und reagieren Sie entsprechend. Üben Sie so viel wie möglich. Übungsmöglichkeiten haben Sie jederzeit genug. Nutzen Sie mindestens jede zweite.

**Auf den Punkt gebracht**

Im wirklichen Leben werden Ihnen viele unterschiedliche Mischas und Maschas begegnen. Ihr großer Vorteil dabei ist jetzt: Sie können die einzelnen Anteile zuordnen und dem Verhandlungsfortgang entsprechend reagieren. Nutzen Sie dieses Wissen, um situationsabhängig jedem Typus Ihres Gegenübers Rechnung zu tragen und Ihr Ziel zu erreichen.

## Checkliste: So durchschauen Sie Verhandlungstypen

Nutzen Sie die folgende Grafik.[4]

*Verhandlungstypen*

### Verhandlungstypen Übungsvariante 1

*Machen Sie für Personen, die Sie aus Ihrem beruflichen Kontext kennen, für deren ein bis drei Haupttypen ein Kreuz in den entsprechenden Quadranten. Sie können dabei sogar innerhalb des Quadranten durch den Platz des Kreuzes den Bezug zu den anderen Typen feststellen. So finden Sie heraus, welche Häufung an Typen Sie um sich haben.*

---

[4]  Wenn Sie das Kopieren sparen wollen, laden Sie es sich als PDF unter www.geldverhandeln.de herunter.

## Verhandlungstypen Übungsvariante 2

*Setzen Sie sich in ein Café und ordnen Sie die Menschen um sich herum nach Aussehen, Auftreten und Verhalten mit Kreuzchen in die entsprechenden Koordinaten ein.*

## Verhandlungstypen Übungsvariante 3

*Nehmen Sie eine Person, die Sie kennen, und gewichten Sie deren unterschiedliche Typenausprägungen in einer Kopie Ihrer Checkliste. Schätzen Sie so die Person so genau wie möglich ein.*

| Checkliste: Ihr nächstes Verhandlungsgegenüber | |
|---|---|
| ▸ Welche Typenmischung erwartet Sie? | |
| ▸ Haben Sie die entsprechenden Vorbereitungen getroffen? | |
| ▸ Wie stellen Sie sicher, dass Sie den Wechsel von einem Typ zum anderen erkennen? | |
| ▸ Haben Sie Strategien für alle Eventualitäten? | |

# Tipps und Tricks nach der Verhandlung

Nun ist sie vorbei die Verhandlung! Ist sie gut gelaufen? Sind Sie mit sich und Ihrer Verhandlungsstrategie zufrieden? Haben Sie Ihr gesamtes Wissen und Können in die Verhandlungswaagschale geworfen? Haben Sie das Gefühl, dass Ihr Verhandlungsgegenüber zufrieden ist? Haben Sie die Ergebnisse schriftlich? Gibt es für Sie noch etwas zu tun, z. B. Nachreichen von Unterlagen oder Infos weitergeben?

## Sicher ist sicher: Schreiben Sie alles genau auf!

Nehmen Sie sich die Zeit und bereiten Sie die Verhandlung nach. Ganz egal, wie es gelaufen ist, jetzt heißt es, für das nächste Mal vorarbeiten: das Positive behalten und ausbauen – das Negative überdenken und optimieren. Unsere Wahrnehmung neigt dazu, unsere Erlebnisse zu verschleiern und anders zu gewichten. Nur geschriebenes Denken ist konstruktives Denken, sage ich immer. In diesem Fall meine ich konserviertes Denken …

## Aufschreiben, aber wie?

▸ *Setzen Sie sich hin, nehmen Sie Ihre Kladde zur Hand und schreiben Sie das Gespräch so genau wie möglich auf.*

▸ *Benutzen Sie dabei nur eine Seite der Kladde und lassen Sie die andere für spätere Bemerkungen frei.*

▸ *Markieren Sie die positiven Punkte mit Ihrer Lieblingsfarbe. Schreiben Sie daneben, warum Ihnen das so gut geglückt ist.*

▸ *Markieren Sie die negativen Punkte mit einer anderen Farbe. Schreiben Sie daneben, was der Grund dafür war.*

| Checkliste: Wie und warum ist es so gelaufen? Was können Sie beim nächsten Mal verbessern? | |
|---|---|
| Selbstwertgefühl<br>▸ Wie ging es Ihnen mit Ihrem Selbst?<br>▸ Wie war Ihr Wert?<br>▸ Was sagte Ihr Gefühl? | |
| Ziel<br>▸ Haben Sie Ihr Ziel erreicht?<br>▸ Warum bzw. warum nicht?<br>▸ Gibt es Verbesserungsmöglichkeiten? Welche? | |

**Checkliste: Wie und warum ist es so gelaufen? Was können Sie beim nächsten Mal verbessern?**

| | |
|---|---|
| Kommunikationsebenen<br>▸ War die inhaltliche Vorbereitung ausreichend?<br>▸ Sind Sie auf der Beziehungsebene Freunde geworden?<br>▸ Haben Sie auf der Ebene der Geschäftsordnung weitere Informationen gefunden und gleich nutzen können?<br>▸ Wie können Sie auf der informellen Geschäftsordnungsebene in Vorleistung gehen?<br>▸ Wo hat Ihnen Ihr Unterbewusstsein einen Strich durch die Rechnung gemacht? | |
| Verhandlungstypen<br>▸ Welche Typen waren dabei?<br>▸ Welche Strategien haben geholfen?<br>▸ Welche Strategien haben nicht funktioniert?<br>▸ Welche Strategien könnten beim nächsten Mal erfolgreicher sein? | |

# Speedcoaching – jetzt geht's los!

Zum Abschluss gibt's ein Speedcoaching, damit Sie gut gestärkt und mit festem Fundament in Ihre nächste Geldverhandlung gehen. Nehmen Sie ein letztes Mal Ihre Kladde zur Hand:

▸ Nehmen Sie das Ziel, das Sie mit der Lektüre dieses Buches erarbeitet haben. Prüfen Sie, ob es angepasst werden muss.

▸ Was haben Sie bisher zur Erreichung dieses Ziels getan? Bitte beantworten Sie diese Frage ehrlich! Überprüfen Sie, ob das, was Sie getan haben, hilfreich war. Wenn ja, machen Sie es das nächste Mal genauso. Wenn nein, überlegen Sie sich etwas anderes!

▸ Was ist der Preis, den Sie zu zahlen bereit sind, um Ihr Ziel zu erreichen? Wollen Sie noch weiter üben? Wollen Sie alles noch einmal überarbeiten? Wollen Sie sich professionelle Hilfe holen? Entscheiden Sie sich, ob und welchen Preis Sie zahlen wollen.

▸ Jetzt wird es konkret: Was ist Ihr erster Schritt zur Erreichung Ihres Ziels, wenn Sie dieses Buch schließen? Schreiben Sie diesen ersten Schritt auf. Jetzt!

▸ Bis wann wollen Sie dieses Ziel erreicht haben? Setzen Sie sich einen genauen Termin, mit gültigem Datum! Hier und jetzt!

▸ Noch konkreter: Wer wird Sie kontrollieren? Schicken Sie mir eine Mail mit dem Inhalt dieses Speedcoachings, dann übernehme ich das. Oder schreiben Sie sich selbst einen Brief und geben Sie ihn einer Freundin oder einem

Freund, die bzw. der ihn zu einem festgelegten Termin an Sie abschickt.

▸ Und der letzte Punkt: Wie heißt Ihr persönlicher Schweinehund oder Selbstboykott? Was hält sie normalerweise davon ab, Ihre Ziele zu erreichen? Aufschieberitis? Verzetteln? Perfektionismus? Vermeidungsstrategien? Wenn Sie das erkannt haben, prüfen Sie: Wie geht es trotzdem?

Schreiben Sie mir, ob Ihnen das Buch gefallen hat, was es Ihnen gebracht hat. Und wie Ihre Geldverhandlung gelaufen ist, interessiert mich natürlich auch.

Ich wünsche Ihnen viel Spaß und noch mehr Erfolg bei Ihrer nächsten Verhandlung zum Thema Geld!

Ihre Claudia Kimich

# Weiterführende Literaturempfehlungen

▸ Fisher, Roger; Ury, William: Das Harvard-Konzept. Der Klassiker der Verhandlungstechnik, Frankfurt am Main 2004, 22. Auflage, Campus

▸ Gay, Friedbert; Herzler, Hanno: Ich brauch Dich, Du brauchst mich, Remchingen 2006, 6. Auflage, persolog Verlag für Managementsysteme

▸ Macioszek, H.-Georg: Chruschtschows dritter Schuh. Anregungen für geschäftliche Verhandlungen, Hamburg 2005, 9. Auflage, Ulysses

▸ Müller, Meike: Lizenz zum Kontern: Rhetorische Selbstverteidigung im Job, Frankfurt am Main 2008, Eichborn

▸ Schulz von Thun, Friedemann: Miteinander Reden 1. Störungen und Klärungen, Hamburg 1981, Rowohlt Taschenbuch Verlag

▸ Sprenger, Reinhard K.: Die Entscheidung liegt bei Dir. Wege aus der alltäglichen Unzufriedenheit, Frankfurt am Main 2004, Campus

▸ Tarr, Irmtraud: Loslassen. Die Kunst, die vieles leichter macht, Freiburg im Breisgau 2003, Herder Verlag

▸ Wardetzki, Bärbel: Mich kränkt so schnell keiner! Wie wir lernen, nicht alles persönlich zu nehmen, München 2002, 3. Auflage, Kösel

▸ Watzlawick Paul: Anleitung zum Unglücklichsein München 2003, Piper

# Herzlichen Dank!

Ein dickes Dankeschön gibt es für Astrid Beitz, meine beste Freundin, für die wunderbaren Bilder in diesem Buch und für Sabine B. Sturm, meine langjährigste Freundin, für unermüdliches telefonisches Durch- und Nacharbeiten.

Angelika Collisi, meiner Trainer-Kollegin, und Juliane Zielonka, dem Sachbuchjunkie, danke ich für Ideen, kollegiales Coaching und Verständlichkeitsgarantie von Bad Tölz bis Berlin. Sylvia Hatzl, Tonia La Prova und Mandy Demut danke ich für zahlreiche Umformulierungen, sprachliche Hinweise und sachdienliches Hinterfragen.

Katja Heyser danke ich für das Einbringen Ihres Wissens als Bibliothekarin und Coachkollegin und die vielen konspirativen Frühstücke.

Christof Evers, mit dem ich schon studiert habe, danke ich für die männliche Sicht und die vielen Infos aus dem Konzernverhandlungsalltag.

Selbstverständlich bedanke ich mich auch bei allen ungenannten Helfern, die mir mit Rat und Tat, mitternächtlichen Telefonaten und süßer Unterstützung beigestanden haben.

Und dann sind da noch meine Eltern, denen ich für unerschütterliches Urvertrauen, Selbstbewusstsein und den immerwährenden Fels in der Brandung danke. Papa, pass von Deiner Wolke weiterhin auf mich auf. Mama, bleib mir noch lang erhalten.

Herzlichen Dank Euch allen!

# Die Autorin

Claudia Kimich, Dipl.-Informatikerin, ist seit 1998 freie Trainerin, systemischer Coach, Verhandlungsexpertin und Preis-agentin. Ihre Themen sind Ziele, Gehalts-/ Honorar- und Preisverhandlungen, Eigen-marketing, Bewerbung, Akquise mit Spaß, Kundenorientierung, Präsentation, Kom-munikation und Konfliktmanagement. Mit ihrem Motto „Geht nicht gibt's nicht!" begeistert sie in Workshops sowie in Team- und Einzelcoachings. Frau Kimich kommt sofort auf den Punkt, mit schonungsloser Offenheit moti-viert sie ihre Kunden zum Nachdenken, Umdenken, Lösun-gen- und Ideenfinden.

www.kimich.de und www.geldverhandeln.de

Impressum:

Verlag C. H. Beck im Internet: www.beck.de
ISBN: 978-3-406-60839-1
© 2010 Verlag C. H. Beck oHG
Wilhelmstraße 9, 80801 München

Lektorat und DTP: Text+Design Jutta Cram, 86157 Augsburg,
www.textplusdesign.de
Umschlaggestaltung: Bureau Parapluie, 85283 Petershausen
Umschlagbild: iStockphoto © Amanda Rohde

Druck und Bindung: Beltz Bad Langensalza GmbH,
99947 Bad Langensalza

Gedruckt auf säurefreiem, alterungsbeständigem Papier
(hergestellt aus chlorfrei gebleichtem Zellstoff)